内 容 简 介

小浪底水利枢纽建设管理局水力发电厂在十余年的枢纽运行管理工作中，借鉴国内外水电企业先进管理经验，不断探索和创新，逐步形成了与小浪底水利枢纽运行管理相适应的管理体制。本书从生产准备、制度建设、运行管理等方面介绍了小浪底水利枢纽建设管理局水力发电厂的各项管理模式、管理机制和管理实践。全书共分15章，内容包括主体工程概况、电厂筹建、人员培训、生产准备、安全管理、运行管理、技术管理、检修管理、物资管理、枢纽防汛和大坝安全会商、精神文明建设及党群工作、创建一流水力发电厂、职业健康安全管理体系认证、西霞院电站生产准备、枢纽综合效益等。

图书在版编目(CIP)数据

小浪底水利枢纽运行管理. 管理卷/殷保合主编;张利新分册主编. —郑州:黄河水利出版社,2011.12

ISBN 978-7-5509-0149-0

Ⅰ.①小… Ⅱ.①殷…②张… Ⅲ.①黄河-水利枢纽-运行-管理-洛阳市 Ⅳ.①TV632.613

中国版本图书馆CIP数据核字(2011)第249438号

组稿编辑:王琦 电话:0371-66023343 E-mail:wq3563@163.com

出 版 社:黄河水利出版社

地址:河南省郑州市顺河路黄委会综合楼14层 邮政编码:450003

发行单位:黄河水利出版社

发行部电话:0371-66026940、66020550、66028024、66022620(传真)

E-mail:hhslcbs@126.com

承印单位:河南省瑞光印务股份有限公司

开本:787 mm×1 092 mm 1/16

印张:10

字数:230千字 印数:1—1 000

版次:2011年12月第1版 印次:2011年12月第1次印刷

定价:40.00元

小浪底水利枢纽运行管理

·管理卷·

总 主 编　殷保合
副总主编　张善臣

黄河水利出版社
·郑州·

《小浪底水利枢纽运行管理》丛书
编委会

总 主 编：殷保合

副总主编：张善臣

委　　员：董德中　陈怡勇　曹应超　张利新
崔学文　刘云杰

《小浪底水利枢纽运行管理·管理卷》
编委会

主　编：张利新

副主编：李明安　肖　明　肖　强　石月春
王全洲　詹奇峰　王鹏程

《小浪底水利枢纽运行管理·管理卷》编写人员名单

章节	主要编写人
第一章　主体工程概况	王全洲
第二章　电厂筹建	肖　明
第三章　人员培训	肖　明　李玉明
第四章　生产准备	肖　明　李向涛
第五章　安全管理	刘连军　李玉明
第六章　运行管理	肖　明　王全洲
第七章　技术管理	王全洲　詹奇峰
第八章　检修管理	陈　伟
第九章　物资管理	许　滔
第十章　枢纽防汛和大坝安全会商	魏　皓　屈章彬
第十一章　精神文明建设及党群工作	肖　明　姚庆云
第十二章　创建一流水力发电厂	卢建勇
第十三章　职业健康安全管理体系认证	王全洲
第十四章　西霞院电站生产准备	李　鹏　詹奇峰　杨战伟
第十五章　枢纽综合效益	王鹏程　屈章彬

前 言

中央水利工作会议是新中国成立以来第一次以中央名义召开的水利工作会议，是继2011年中央1号文件后党中央、国务院再次对水利工作作出动员部署的重要会议，必将成为新中国水利事业继往开来的里程碑，开启我国水利事业跨越式发展的新征程。

黄河小浪底水利枢纽工程是国家“八五”重点建设项目，是黄河治理开发的关键控制性工程。在“八五”期间开工兴建，工程总工期11年，2001年底主体工程全部完工，2009年4月7日顺利通过国家竣工验收。小浪底水利枢纽工程开创了世界多沙河流上建设高坝大库的成功先例，工程建设水平步入了世界先进行列，为我国大型水利水电工程积累了现代建设管理与国际合作经验，成为世界了解中国水利水电建设与发展的重要窗口。小浪底水利枢纽工程先后荣获国际堆石坝里程碑工程奖、新中国成立60周年“百项经典暨精品工程”称号、中国土木工程詹天佑奖、中国水利工程优质(大禹)奖、中国建设工程鲁班奖(国家优质工程)等奖项。

小浪底水利枢纽工程投入运行以来，持续安全稳定运行，发挥了巨大的综合效益；有效缓解了黄河下游洪水威胁，基本解除了黄河下游凌汛威胁，黄河下游连续12年安全度汛；成功进行了13次调水调沙运用，减少了下游河道泥沙淤积，大大增加了下游主河道的过流能力；实现了黄河连续12年不断流，并多次进行跨流域调水运用；黄河生态系统得到修复和改善；充分发挥了清洁能源、可再生能源的优势，为地区经济社会发展作出了积极的贡献。

运行实践证明，小浪底水利枢纽工程对维持黄河健康生命，保障黄河下游防洪及供水安全，保护中下游生态环境，促进黄河下游两岸经济社会可持续发展具有不可替代的战略作用，是重要的民生工程，做好枢纽运行管理工作具有十分重要的意义。多年以来，小浪底水利枢纽建设管理局始终高度重视安全生产工作，牢固树立民生工程理念，坚持水资源统一调度、公益性效益优先、电调服从水调的原则，在枢纽安全管理、调度运用和运行管理等方面，做了很多卓有成效的工作。

本丛书分管理、发电、水工三卷，翔实记录了小浪底水利枢纽投入运行以来各个方面的运行管理工作，并对运行管理工作的经验和体会进行了全面系统总结，旨在为进一步提高枢纽运行管理水平提供借鉴。

本书成稿之际，正值全国上下认真贯彻落实中央水利工作会议精神的关键时期。小浪底水利枢纽建设管理局将以科学发展观为指导，深入贯彻落实中央水利工作会议精神，积极实践可持续发展治水思路，按照水利部党组“争当水利行业排头兵”和“六个一流”的要求，抓住机遇、迎接挑战，开拓进取、真抓实干，管好民生工程，谋求多元发展，努力推动水利建设实现跨越式发展，为实现全面建设小康社会宏伟目标提供更为有力的水利保障。

编　者

2011 年 11 月

目　录

第一章　主体工程概况

第一节　枢纽开发目标和在治黄中的地位

一、小浪底水利枢纽的地理位置及开发目标

小浪底水利枢纽(简称小浪底工程)位于黄河中游最后一个峡谷的出口,坝址上距三门峡水利枢纽 130 km,下距黄河花园口 128 km,控制黄河流域天然径流总量的 87%,控制黄河花园口以上天然径流量的 92.3%,以及控制黄河总输沙量的近 100%,是黄河下游治理的控制性骨干工程。小浪底水利枢纽地理位置见图 1-1。

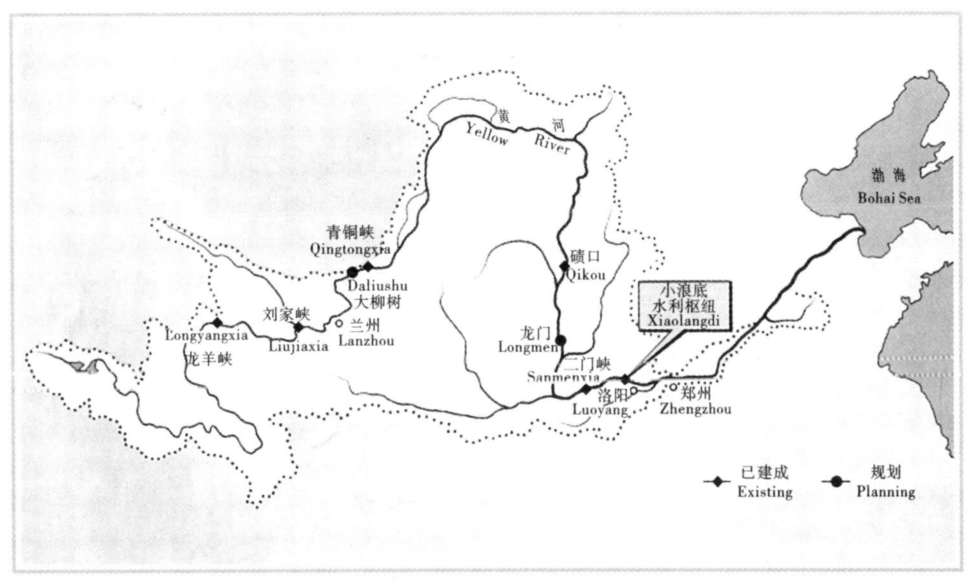

图 1-1　小浪底水利枢纽地理位置图

按照合理拦排、综合兴利的工程规划思想,确定枢纽的开发目标是“以防洪、防凌、减淤为主,兼顾供水、灌溉和发电,蓄清排浑,除害兴利,综合利用”。

小浪底工程设计水库最高运用水位 275 m,水库总库容 126.5 亿 m^3。按千年一遇洪水设计,万年一遇洪水校核,规划水库防洪库容 40.5 亿 m^3,调水调沙库容 10.5 亿 m^3,防洪库容和调水调沙库容共 51 亿 m^3,为长期有效库容,汛期用以削减洪峰和调节水沙,非汛期用以调节径流和控制凌汛期的下泄流量。其余 75.5 亿 m^3 为淤沙库容,用以拦截上游的来沙,减少黄河下游河床的淤积。

二、水浪底工程在治黄中的地位

小浪底工程的兴建揭开了黄河开发治理的新篇章，成为治黄的里程碑工程。小浪底工程在治黄中的地位主要体现在以下几个方面。

(一)提高了黄河下游的防洪标准

小浪底工程的主要开发目标是防洪。尽管人民治黄60多年来取得了巨大的成就，建设了"上拦下排，两岸分滞"的防洪体系，但防护标准不高。由于黄河下游河道高悬于两岸地面，一旦溃决后果不堪设想。小浪底工程具有40.5亿 m^3 长期有效的防洪库容，在出现千年一遇洪水42 300 m^3/s的情况下，小浪底工程和三门峡、故县、陆浑水库联合调度，可使花园口的流量不超过现在的设防标准。小浪底工程的投入运用，可使黄河下游的防洪标准相对花园口断面从60年一遇提高到1 000年一遇。

进入20世纪90年代以来，黄河连续出现枯水年。在大河断流愈演愈烈的同时，主槽萎缩，过流能力由通常的6 000～7 000 m^3/s 降低到不足3 000 m^3/s。1997年汛期7 500 m^3/s洪水沿河各站的水位普遍高出1958年22 000 m^3/s 的实测洪水位1～2 m。小浪底工程除提高了下游的防洪标准外，通过水库初期蓄水拦沙下泄清水和调水调沙运用，对下游主河槽行洪能力的恢复将起积极促进作用。

(二)基本解除了下游凌汛威胁

黄河出小浪底峡谷后逐渐呈悬河态势进入下游黄淮海平原。黄河在河南的河段为宽浅散乱的游荡性河道，一般堤距宽5～10 km，最宽达24 km，然后呈东北流向至山东入海。山东河段的黄河堤距一般宽1～3 km，最窄只有0.5 km，为弯曲性河道，形成泄洪能力上大下小的不利局面。由于纬度的差别，山东河段封河一般比河南河段早10天左右，开河比河南河段晚20天左右。封河期因冰凌阻水，泄流不畅，增加河道蓄水量；开河时上段先开，而下段尚未解冻，容易形成冰塞、冰坝，使水位骤涨，造成凌汛。

三门峡水利枢纽建成并担负防凌任务以来，对黄河下游防凌起到积极作用。但是三门峡水库防凌限制水位由于受潼关高程的制约只能到326 m，最大蓄水量18亿 m^3，不能满足防凌要求。小浪底工程投入运用以后，可提供20亿 m^3的防凌库容并先期投入防凌运用，不足部分由三门峡水库承担，这样可基本解除下游的凌汛威胁。

(三)一定时段内遏制了黄河下游河床淤积的态势

减少下游河床淤积是小浪底工程的主要开发目标之一。小浪底工程淤沙库容75.5亿 m^3，可拦沙约100亿t。小浪底工程设计水平年的黄河年均输沙量为13.35亿t，集中来自汛期。由统计资料分析，年均输沙量大约1/4淤积在下游河床，1/4淤积在河口三角洲。按照水库减淤运用的原则，小浪底工程投入运用初期，汛期最低运用水位205 m，待205 m以下的库容淤满后，随水库淤积的发展逐渐抬高运用水位，利用6亿～8亿 m^3调水调沙库容，以"两极分化"的泄流方式，控制水库淤积形态，达到拦粗排细的目的。小浪底水库从2002年开始至2011年共进行了13次调水调沙，下游主河槽过流能力由1 800 m^3/s提高到4 100 m^3/s。小浪底水库拦蓄泥沙及调水调沙运用，减少了下游河床淤积，使下游河床20～25年基本不淤积抬高，从而为黄河的治理赢得宝贵的时间。

(四)提高了黄河下游灌溉供水保证率

黄河是下游河南、山东最重要的水源。随着国民经济的发展,城市及工业用水量也大大增加。此外,黄河还担负着引黄济青、引黄入淀等向华北供水的任务。下游来水主要靠上中游的产流和调节。由于缺乏足够的调节能力,有限的水资源得不到充分利用,灌溉供水保证率很低,每到5月、6月频频发生断流。据统计,1980～1990年累计断流191天。进入20世纪90年代以来,由于黄河连续的枯水年,断流现象愈演愈烈。1992年黄河利津站断流83天;1997年黄河下游断流26次,累计226天,断流河段长达702 km。小浪底工程投入运用以后,平均每年可增加下游17.9亿m^3的调节水量。通过科学调度,保证了黄河连续12年不断流,提高了下游地区266.67万hm^2灌区的灌溉保证率,缓解了工农业生产和生活用水的紧张局面。

(五)有效改善了河南电网的电源结构

小浪底水电站地处河南,是河南电网中最大的水电厂。原设计220 kV出线6回,其中1回备用。随河南电网的发展,至2011年,小浪底水电站共有7回220 kV出线,其中4回接入豫西500 kV枢纽变电站——牡丹变电站,1回经西霞院电站接入洛阳吉利变电站,1回接入济源荆华变电站(2007年投运),1回接入济源变电站(2011年投运),是豫西地区重要的电源点。

河南电网作为华中电网的重要组成部分,是全国联网的电力枢纽,华北、华中和西北三大电网在此实现互联,在国家“西电东送、南北互供”的能源整体格局中具有举足轻重的地位和作用。近年来,河南电网发展迅速,装机容量大幅增加,截至2010年年底,全省总装机容量达50 570 MW,但河南电网以火电为主,电源结构相对单一,水电装机容量仅占全省总装机容量的7.5%。近年来,全国范围内阶段性的电、煤、油、运矛盾突出,火电机组受电煤供应影响大幅减发。随着河南省国民经济的快速增长,全省用电负荷持续快速攀升,电力供应数次出现紧张形势。小浪底水电站的投入运用,有效改善了河南电网的电源结构,丰富了电网的调整手段,提高了电网的供电质量。在以火电占绝对比重的河南电网中,小浪底水电站承担着整个河南电网的调峰、调频和事故备用等重要任务,在用电高峰做到稳发、满发,有效缓解了河南电网电力供应紧张形势,最大限度地满足了全省工农业生产和人民群众的用电需求,对保证电网安全运行和全省可靠供电发挥了火电机组不可替代的重要作用。

综上所述,小浪底工程的建成投用在国民经济中将发挥越来越大的作用,为黄河的治理开创了新的局面。水利部领导提出了“堤防不决口,河道不断流,水质不超标,河床不抬高”的黄河下游治理目标,在实现这个目标的过程中,小浪底工程无疑将担任重要的角色。

第二节　工程技术特征指标

一、主要技术特征指标

小浪底工程主要技术特征指标如下:

正常高水位:275 m。

正常死水位:230 m。

水库总库容:126.5 亿 m^3。

其中,防洪库容:40.5 亿 m^3;

调水调沙库容:10.5 亿 m^3;

淤沙库容:75.5 亿 m^3。

水库调节性能:不完全年调节。

设计洪水位(0.1%):274 m。

校核洪水位(0.01%):275 m。

设计洪水位时最大泄流量:13 480 m^3/s。

校核洪水位时最大泄流量:13 990 m^3/s。

正常死水位时最大泄流量:8 048 m^3/s。

总装机容量:1 800 MW。

设计多年平均发电量:45.99 亿 kW·h/58.51 亿 kW·h(前 10 年/10 年后)。

实测最大日均含沙量:482 kg/m^3。

实测瞬时最大含沙量(1997 年 7 月):941 kg/m^3。

实测多年平均输沙量:13.51 亿 t。

实测多年平均径流量:405.5 亿 m^3/s。

多年平均流量:1 342 亿 m^3/s。

小浪底工程建成后,与三门峡、陆浑、故县水库联合运用,可使黄河下游防洪标准由 60 年一遇提高到 1 000 年一遇;与三门峡水库联合运用,可基本解除下游凌汛威胁;采用蓄清排浑运用方式,可使下游河道 20 年不淤高;多年平均增加调节水量 20 亿 m^3,可提高 266.67 万 hm^2灌区的灌溉保证率,改善下游灌溉、供水条件;安装 6 台 300 MW 水轮发电机组,总装机容量 1 800 MW,设计多年平均发电量前 10 年为 45.99 亿 kW·h,10 年后为 58.51 亿 kW·h,平均多年发电量为 51 亿 kW·h。

二、主要工程量

小浪底工程主要设计工程量如下:

土石方明挖:3 625 万 m^3。

石方洞挖:280 万 m^3。

土石方填筑:5 573 万 m^3。

混凝土及钢筋混凝土:348 万 m^3。

金属结构安装:3 万 t。

机电设备安装:3.09 万 t。

帷幕灌浆:21 万 m。

固结灌浆:35 万 m。

三、投资和工期

国家计委批复小浪底工程总投资 347.24 亿元人民币,其中内资 254.97 亿元人民币,外资 11.09 亿美元。

工程总投资包括枢纽投资和移民投资两部分。枢纽投资 260.49 亿元人民币，其中内资 177.37 亿元人民币，外资 9.99 亿美元；移民投资 86.75 亿元人民币，其中内资 77.6 亿元人民币，外资 1.1 亿美元。

概算资金来源为：政府拨款 227.74 亿元人民币，国家开发银行贷款 25.23 亿元人民币，中国建设银行贷款 2 亿元人民币，世界银行硬贷款 8.9 亿美元，世界银行软贷款 1.1 亿美元，出口信贷和国际商业贷款 1.09 亿美元。

小浪底工程总工期 11 年，其中前期准备工程工期 3 年，主体工程工期 8 年。

第三节　工程布置

一、工程组成

小浪底工程由拦河大坝、泄洪排沙建筑物和引水发电建筑物三部分组成。大坝为壤土斜心墙堆石坝，最大坝高 160 m，坝顶长 1 667 m；泄洪排沙建筑物包括 10 座进水塔、3 条直径为 14.5 m 的孔板消能泄洪洞、3 条断面尺寸为(10～10.5)m×(11.5～13)m 的明流泄洪洞、3 条直径为 6.5 m 的排沙洞、1 条灌溉洞、1 条正常溢洪道和 1 个两级消能消力塘；引水发电建筑物包括 6 条直径为 7.8 m 的引水发电洞，1 座长 251.5 m、跨度 26.2 m、最大开挖深度 61.44 m 的地下厂房及尾水洞、尾水渠和防淤闸等。小浪底水利枢纽总体布置见图 1-2。

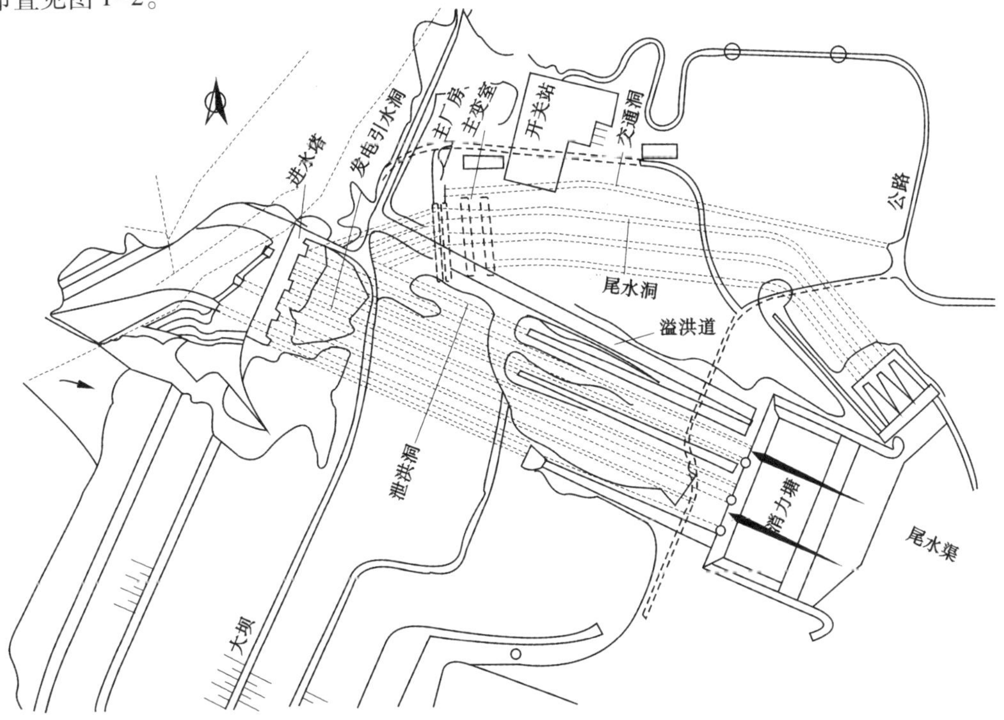

图 1-2　小浪底水利枢纽总体布置图

二、总体布置的特点

因为黄河特殊的水沙条件和复杂的地质条件,小浪底工程的布置需要考虑河床深覆盖层的处理、进水口防泥沙淤堵、高速含沙水流处理、水轮机抗磨、左岸单薄山体的稳定、进出口开挖高边坡的支护、地下洞室群的围岩稳定等问题。工程采用的方案是:所有泄洪、发电及引水建筑物均集中布置在山体相对比较单薄的左岸,16 个进口错落有致地集中布置在 10 座进水塔内,9 条泄洪洞和 1 座溢洪道采用出库集中消能的方式,以具有深式进水口的隧洞群泄洪为主,引水发电系统以地下厂房为核心。

这样布置可以满足宣泄设计洪水及校核洪水的要求,并留有 3 000 m^3/s 的泄流能力作为安全裕度。采用进水口集中布置的方式,并设高程至 250 m 的进口导墙导引水流,可保持进口冲刷漏斗,辅以加大启闭机容量、设置高压水枪及进口泥沙淤积监测等措施,可保证进水口不被泥沙淤堵。设置高位明流洞可兼排污排漂。采用低位导流洞改建的孔板消能泄洪洞进行洞内消能,解决了枢纽总布置的困难。排沙洞布置在引水发电进口下,可大大减少过机泥沙含量,等等。

三、大坝

小浪底工程大坝为坐落在深厚覆盖层上且带有内铺盖的斜心墙堆石坝,坝高 160 m,总填筑量 5 573 万 m^3,是我国第一壤土斜心墙高堆石坝。小浪底工程大坝剖面见图 1-3。

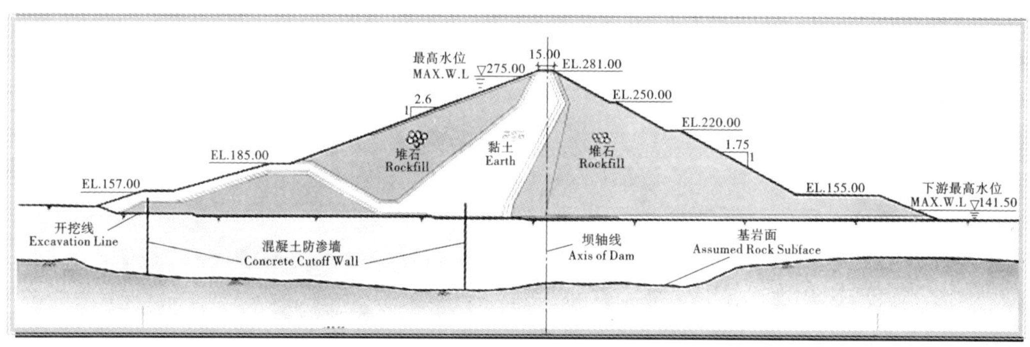

图 1-3　小浪底工程大坝剖面图　(单位:m)

对于小浪底工程这样的高土石坝来讲,防渗设计是大坝设计的关键。大坝的防渗设计具有如下特点:选择壤土斜心墙堆石坝坝型,采用以垂直防渗为主、水平防渗为辅的双重防渗体系。大坝斜心墙防渗轴线位于坝轴线上游约 80 m 处,在覆盖层深槽部位采用混凝土防渗墙,墙厚 1.2 m。主围堰采用斜墙剖面,通过内铺盖将心墙和主围堰的斜墙连接起来,利用坝前的淤积形成天然铺盖,作为大坝的辅助防渗体系。

四、泄洪排沙系统

小浪底工程泄洪方式的选择是枢纽布置的核心,设计采用了 3 条直径为 6.5 m 的压力式排沙洞、3 条断面为(10 ~ 10.5) m×(11.5 ~ 13) m 的明流泄洪洞、3 条前压后明式多级孔板消能泄洪洞和1条表面陡槽式溢洪道等10个泄洪排沙建筑物。万年一遇校核洪水最大泄流量13 990 m^3/s，隧洞总泄流能力达13 480 m^3/s，枢纽总泄流能力17 327 m^3/s，留有一定的安全备用余量。

3条排沙洞为压力式泄洪洞，单洞最大泄流能力675 m^3/s，一般情况下按隧洞衬砌不磨流速15 m/s控制泄流500 m^3/s。排沙洞进口高程175 m，每条洞6个进口，直接布置在发电引水口的下方，承担泄洪排沙、减少过机沙量及调节径流、保持进口冲刷漏斗的任务。

3条孔板消能泄洪洞由导流洞改建而成，1号导流洞进口高程132 m，2号和3号导流洞进口高程141.5 m，导流任务完成后，分两期进行封堵改建，以龙抬头形式将进口抬高至175 m。洞身段按3倍洞径增建孔径比分别为0.689、0.724和0.724的三级孔板环，三级孔板后洞身渐变收缩，在增建的中间闸室内设偏心铰弧形工作闸门。3条孔板消能泄洪洞总泄流能力4 825 m^3/s。

3条明流泄洪洞进口高程分别为195 m、209 m和225 m，总泄流能力达6 449 m^3/s，除承担泄洪任务外，还担负排污排漂任务。

在上述泄洪隧洞的衬砌设计中，均采用了70 MPa的高强混凝土，以减缓高速水流的磨蚀。

正常溢洪道为3孔陡槽式溢洪道，进口高程258 m，最大泄流能力为3 764 m^3/s。

9条泄洪洞和6条引水发电洞以及1条灌溉洞共16条洞的进口集中布置在一字形排列的10座进水塔内，形成了前缘宽度276.4 m、高113 m、总混凝土方量约100万 m^3 的进水塔群。16个洞的进口高低错落，间隔排列，形成了上层泄洪排污、中层引水发电、下层泄洪排沙的有机整体。进水塔立视图见图1-4。

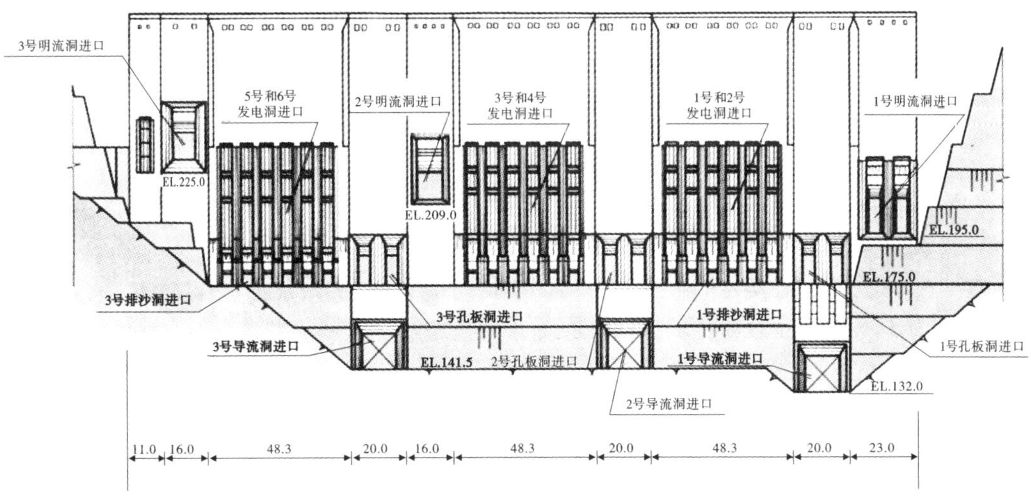

图1-4　进水塔立视图　（单位：m）

9条泄洪洞和正常溢洪道的出口采用集中布置的水垫塘消能。一级消力塘池底宽319 m，长165 m/145 m，最大水深28 m，由两道中隔墙分成3个独立的消力塘，以便于检修。消力塘建筑物全部用钢筋混凝土结构衬砌，池底设排水系统。

五、引水发电系统

电站装有6台300 MW混流式机组,设计水头112 m,单机最大过流量300 m^3/s。引水发电系统采用一洞一机单元式布置,引水发电洞洞径7.8 m,为钢筋混凝土结构,分别与3个进水塔相连,引水至地下厂房。两台机组的尾水合成一条尾水洞,经出口防淤闸将发电尾水宣泄至下游。

第四节　工程金属结构及机电设备

一、金属结构

小浪底工程建筑物泄洪洞、排沙洞、发电洞、防淤闸、厂房及溢洪道等各类金属结构计有闸门69扇,其中平面闸门47扇、弧形闸门21扇、浮箱式闸门1扇,拦污栅26扇,清污机1台。各种起重机械79台(套),其中固定卷扬式启闭机17台(套)、液压启闭机27台、进水塔门式启闭机2台、厂房桥机2台、台车式启闭机1台、检修桥吊13台、吊箱9台、空压机室桥吊1台、渗漏泵房桥吊1台、水车室电动葫芦6台。这些金属结构集中布置在进水塔群、孔板洞中闸室、排沙洞出口闸室、溢洪道、地下厂房尾水闸室和电站尾水出口等部位。小浪底金属结构的设计有如下特点:

(1)考虑检修门槽无检修条件,按10 m/s钢材不磨蚀流速选择门孔尺寸,设下游侧水封;

(2)泄洪洞汛期由事故闸门挡水,事故闸门采用4 130 kN轮压的平面定轮闸门,设上游侧水封;

(3)设计水头122 m的压力式排沙洞可局部开启运用偏心铰弧形工作闸门;

(4)水头最大达140 m的偏心铰弧形工作闸门,门顶及两侧设压紧式辅助水封系统;

(5)设计最大总水压力达75 000 kN的1号明流洞弧形工作闸门;

(6)设计门孔面积近200 m^2的溢洪道弧形工作闸门;

(7)设计总水压力为128 000 kN的导流洞封堵闸门;

(8)所有在进水塔安装的事故闸门启闭机均考虑20 m的附加泥沙压力;

(9)为压力式排沙洞和孔板洞设计有充水平压设施;

(10)发电进水口有拦污栅、清污机,进水塔前装设有高压水枪,必要时可清污和冲刷门前淤积的泥沙;

(11)地下厂房设2台250 t+250 t桥式起重机。

二、主要发(供)电设备

(一)水轮机

水轮机型式为立轴混流式,额定水头112 m,额定出力306 MW,额定流量296 m^3/s,水头适用范围为68~142 m,额定转速为107.1 r/min,转轮公称直径为6.356 m,转轮质量为127 t。

(二)发电机

发电机型式为立轴、空冷、半伞式三相同步发电机,额定电压 18 kV,额定电流 10 692 A,额定容量 333.3 MVA,额定转速 107.1 r/min,额定频率 50 Hz,额定功率因数 0.9,额定励磁电流 1 904 A,额定励磁电压 400 V。

(三)主变压器

主变压器型号为 SSP10-360000/220,额定容量为 360 000 kVA,强油水冷,无激磁调压。

(四)接线方式

6 台发电机分别经 18 kV 离相封闭母线与 220 kV 主变压器组成机-变单元,每台发电机出口均安装有发电机断路器,其中 3 号、6 号发电机端接有厂用电变压器,220 kV 主变压器高压侧采用 SF_6管道母线与 220 kV 电缆终端相接,通过 220 kV 电缆进入地面开关站。220 kV 地面开关站配电装置为敞开式布置,主接线采用双母线 4 分段,出线侧带旁路母线,1 号、2 号、3 号发电机接入Ⅰ、Ⅱ段母线,4 号、5 号、6 号发电机接入Ⅲ、Ⅳ段母线。小浪底工程投运时出线 4 回牡黄线及 1 回吉黄线(2007 年西霞院工程投入后改为黄霞线)接入豫西,2007 年、2009 年分别增加黄荆线和黄裴线(2010 年济源电网改造后改为济黄线)接入豫北。

(五)发电机组抗磨蚀措施

针对黄河泥沙大的特点,在防止泥沙对发电机组的磨蚀方面采用了以下措施。

1. 水工建筑物方面采取的措施

在进水塔的布置上,与水库来水主流方向错开,防止水库来水中大量泥沙沿发电洞进入机组。同时,在每两条发电洞的下方布置一条排沙洞,减少进入发电洞的泥沙,尤其是粗颗粒泥沙,以减轻泥沙对水轮机的磨蚀。在排沙洞开启时,排沙洞与发电洞水流含沙量之比为 1:(0.6~0.7)。

2. 水力设计方面采取的措施

(1)水轮机最优效率点所对应的水头约为 110 m,相当于汛期的平均水头,使水轮机在高含沙水流的汛期,能处于最优工况区域运行,减少磨损。

(2)优化水轮机流道布置,减小相对流速,避免形成涡流和气蚀。增加导叶分布圆直径和导叶高度,选取较低的机组转速,同时在保证良好水力性能的情况下,尽量减小转轮出口直径,由此尽可能地减小相对流速,减少磨损。

(3)对转轮叶片进行三维流态模拟分析,优化叶型设计,使水轮机在整个运行水头范围内,空载或 50%~110% 预想出力下,最大限度地减小叶片气蚀、叶片进口边脱流及叶道内的二次流,保证机组稳定运行。

3. 机械设计方面采取的措施

(1)在活动导叶与固定导叶之间设置筒阀,以消除在停机状态下由于活动导叶漏水而产生的间隙气蚀和磨损。

(2)取消顶盖减压孔,减弱上冠与顶盖之间空腔内的泥沙循环运动,显著减少对顶盖和上冠的磨损,同时也避免了上迷宫环漏水而引起的效率降低。

(3)为了减少对下环和下迷宫环的磨损,下迷宫环采用平直无齿密封,减少进入密封间隙中的水流振动,进一步减少磨损。

4. 过流部件表面防护措施

过流部件除采用具有抗气蚀性能的不锈钢材料外,部件表面还采用抗磨涂层进行防护。在活动导叶、转轮、顶盖和底环的上、下抗磨板等流速较高的部件表面喷涂碳化钨硬涂层,在固定导叶和尾水锥管进口等低流速区喷涂聚氨酯软涂层。

第五节　工程建设过程

小浪底主体工程于1994年9月12日开工,1997年10月28日截流,1999年10月25日下闸蓄水,2000年1月9日首台机组并网发电,2001年12月31日枢纽主体工程全部完工。

一、前期准备工程施工

小浪底工程前期准备工程包括外线公路、内线公路、黄河公路桥、留庄铁路转运站、施工供电、施工供水、通信、砂石骨料试开采、临时房屋、导流洞施工支洞等项目。1991年9月1日开工,1994年4月21日通过水利部主持的前期准备工程验收。

前期准备工程中的砂石骨料试开采于1992年4月完工,导流洞施工支洞于1992年12月完工,通信工程于1993年2月完工,外线公路于1993年3月完工,施工供电工程于1993年12月完工,施工供水工程于1994年1月完工,黄河公路桥于1994年3月完工,留庄铁路转运站于1994年4月完工,内线公路于1994年7月完工,临时房屋于1994年12月完工。

二、主体工程施工

小浪底主体工程包括土建国际标、土建国内标和机电安装标三大部分。

(一)土建国际标

小浪底工程土建国际标由大坝标、泄洪排沙系统标和引水发电系统标组成。大坝标由黄河承包商(责任方为意大利英波吉罗公司)施工,泄洪排沙系统标由中德意联营体(责任方为德国旭普林公司)施工,引水发电系统标由小浪底联营体(责任方为法国杜美思公司)施工。

1. 大坝标

1994年5月30日工程师发布大坝工程标开工令。1998年3月5日完成混凝土防渗墙;1998年7月16日完成坝基开挖。2000年11月30日全部完工。工程历时6年半,比合同规定的完工日期2001年12月31日提前13个月。

2. 泄洪排沙系统标

1994年6月30日工程师发布泄洪排沙系统标开工令。1996年8月完成尾水导墙;1997年9月完成导流洞和消力塘;1997年12月完成进口引渠;1999年6月完成排沙洞、明流洞、全部公路和交通洞;2000年6月完成导流洞改建;2000年10月完成进水塔和正常溢洪道。2000年12月31日全部完工。工程历时6年半,比合同规定的完工日期2001

年6月30日提前6个月。

3. 引水发电系统标

1994年5月30日工程师发布引水发电系统标开工令。1995年1月完成8号交通洞;1998年3月完成主变室和母线洞;1998年10月完成地下厂房;1999年1月完成引水发电洞;1999年7月完成尾水渠和防淤闸;1999年9月完成尾水洞和其他洞室。1999年12月31日全部完工,比合同规定的完工日期2000年7月31日提前7个月。

(二)土建国内标

土建国内标主要有:1~4号灌浆洞及其帷幕灌浆、1~4号排水洞内的排水孔幕、泄洪洞出口排水廊道及其排水孔、副坝工程、开关站工程、防护堤工程、西沟坝工程、枢纽区公路、防渗补强灌浆工程等,分别由国内各水电建设单位建设实施,2002年全部完工。

(三)机电安装标

机电安装标由水电十四局、四局、三局组成的FFT联营体施工。工程从1998年2月15日开工,2000年1月9日首台机组投产,2001年12月最后一台机组投产,2002年3月31日按期完工。工作内容包括小浪底水力发电厂及枢纽的全部机电设备安装和有关土建工程及相应的建筑装修工程。

第二章　电厂筹建

随着小浪底工程的顺利建设,小浪底水力发电厂的筹建工作被提上议事日程。1996年8月,小浪底水利枢纽建设管理局(以下简称小浪底建管局)成立小浪底水力发电厂筹建处,相继开展了机构设置、人力资源计划的调研工作。筹建处根据调研情况和小浪底工程的复杂性,编制了《小浪底水力发电厂筹建规划》。1996年12月24日,小浪底建管局党政联席会议讨论批准了《小浪底水力发电厂筹建规划》,确定了小浪底水力发电厂的职责范围:水力发电厂负责小浪底工程的水工建筑物和金属结构设备的运行维护,水工建筑物的测量和监视、库区滑坡体和地震台网的检测,水轮发电机组、输变电设备、自动化控制设备、继电保护及厂用电设备、水轮发电机组辅助设备的运行和维护,小浪底水库的调度管理等工作。组建原则:一是人员要精干、素质高,一专多能,一岗多责,运行、维护一体化;二是机构编制少而精,高效多功能,管理高水平,不设大修队伍;三是高起点,运行高度自动化;四是后勤服务社会化。小浪底水力发电厂筹建处按照小浪底建管局确定的规划原则开展电厂的筹建工作,围绕接机发电、人力资源规划、生产管理准备、生产技术准备和信息系统建设等方面,结合水力发电厂具体情况,积极组织人员培训,确定机构设置,参与工程建设和管理。小浪底水力发电厂筹建工作总目标是:员工队伍的组建符合现代电力企业的要求,生产筹备工作满足投产发电的需要和持续安全运行的要求,充分发挥枢纽的综合效益。

第一节　调研情况

我国大中型水电厂生产运行管理方式经历了50多年的发展历程,从照搬苏联20世纪50年代的运行管理模式,逐步形成了我国自己的运行管理模式。特别是改革开放以来,电力企业通过开展标准化管理、安全生产和文明生产双达标及“一流水电厂”的创建活动,使我国水电厂生产运行管理方式逐步与国际先进水平接轨。

小浪底水力发电厂于1996年8月开始筹建。在筹建之初,小浪底建管局进行了大量的调查研究,分别组织人员对黄河上游及东北地区已建成运行的水电厂进行考察,借鉴其他水电厂筹建过程中的经验,对小浪底水力发电厂筹建思路进行积极的探索,其中选取了当时全国首家“一流水力发电厂”——广州抽水蓄能电站、正在筹建过程中的二滩水电厂、黄河上游比较有代表意义的李家峡水电厂以及隔河岩水电厂、五强溪水电厂等进行了电厂筹建及管理模式的考察。调研的水电厂基本反映了我国当时不同流域、不同系统、不同管理体制和不同管理模式下具有代表性的水电厂机构设置和人员配置指标情况。

一、广州抽水蓄能电站

广州抽水蓄能电站于1989年5月正式动工兴建,下设A厂和B厂,分别装有4台

300 MW 可逆式水轮水泵机组。A 厂第一台机组 1993 年 8 月发电,1994 年 4 月 4 台机组全部建成发电。B 厂第一台机组 1998 年投产,1998 年 12 月发电,2000 年 3 月 4 台机组全部建成发电。设计水头 535 m,总装机容量 240 万 kW,主要机电设备从国外进口。广州抽水蓄能电站目前是世界上装机容量最大的抽水蓄能电站,也是国内机组使用最为频繁的抽水蓄能电站。

广州抽水蓄能电站当时设运行部、检修部、生产技术部、安监部、党群部、办公室,共 123 人。

运行部下辖实时运行分部和水工观测分部。实时运行分部负责全厂范围内机电设备运行管理;水工观测分部负责上、下水库,地下厂房,引水隧道,厂区公路,边坡和厂区建筑的观测、维修管理。

检修部下辖电气分部、机械分部和自动化分部。电气分部负责全厂电气一、二次设备检修和维护;机械分部负责全厂机械设备的检修和维护;自动化分部负责计算机监控系统的硬件、软件和传感器的检修和维护,工业电视、通信等设备的运行和检修。

生产技术部负责物资采购、仓库管理、档案管理、生产统计、培训和电力系统对口联系;安监部负责安全监督、考核;办公室负责文秘、人事、劳资、行政、财务、汽车管理、保卫和对外联系,同时还是电站党、政、工、妇、计生的日常归口部门。

广州抽水蓄能电站管理模式代表了我国 20 世纪 90 年代先进的水电厂管理模式,机构和人员都十分精简,前期由法国一家公司负责代管,后期又与我国香港中华电力公司共同管理,是我国第一家“一流水力发电厂”,管理水平一直处于国内领先水平。

二、隔河岩水电厂

隔河岩水电厂隶属于清江水电开发公司,由国家和湖北省共同出资组建。清江水电开发公司以隔河岩为主体,逐步实现对清江干流高坝洲和水布垭电站的滚动开发。清江水电开发公司由隔河岩单一电厂发展为流域发电公司,成立流域梯调中心,实现统一调度管理。隔河岩电厂沿用原国家电力行业标准(4 ~5 人/MW)进行生产管理,设立自己的大修队伍,人员配置偏多。

三、五强溪水电厂

五强溪水电厂是 20 世纪 90 年代成立的大型水电厂,基本按照传统水电厂“大而全”的机构设置,除电厂生产管理人员、运行人员和检修人员外,后勤管理、行政管理、党群管理、物资管理等机构人员配置偏多,并且电厂技术人员专业划分过多、过细,导致生产一线工作人员数量较多。五强溪水电厂与隔河岩水电厂生产管理模式类似,尽管他们都在不断地优化传统水电厂管理模式,但由于缺乏经验和可借鉴的成功模式,改进和提高的幅度不大。

四、李家峡水电厂

李家峡水电厂于 1995 年 12 月成立,1996 年 11 月又进行体制改革,成立李家峡水电有限责任公司,设置“五部一室”,即策划部、经营部、党群部、运行维护部、关联部和安全监察办公室。1999 年,李家峡水电有限责任公司划入黄河上游水电开发公司,更名为李家峡发电分公司,行政上设置“七部三室”,即经理工作部、党委工作部、生产技术部、安全监察保卫部、经营管理部、人力资源部、财务部、工会办公室、审计室和纪检监察室;生产系统设运行部、电气维护部、机械维护部和水工部。

李家峡水电厂管理模式代表了黄河上游大部分较早建立的水电厂的管理模式,人员偏多,机构复杂,带有显著的传统水电厂管理体制烙印,全面的人员配置承担着机组的大修任务,其 4.2 人/MW、95.6 人/台机组的指标比较落后。

第二节 组织机构筹建

电厂筹建是每个新建水电项目共同面临的课题,如何进行建设与生产管理,没有成熟固定的模式可以借鉴,许多水电工程都在不同程度地实践着不同的管理模式,并在这些水电工程建设和管理过程中不断积累经验。从调研的情况来看,传统的建设与生产分开的模式下,电厂生产准备具有组织分工明晰、目标任务明确、协调量小的特点,但需要投入的人力、物力资源相对较多,建设和生产转换过程困难,不适应现代新型水电企业的发展需要。“建管结合”管理模式在当代水电建设领域有成功的经验可供借鉴,为小浪底工程发电走“建管结合”之路搭建了良好的外部平台。

根据调研情况和小浪底工程的实际情况,按照满足安全生产需要及现代化电厂管理要求的原则,以安全生产管理为主线,在部门职能定位上,充分考虑工作的效率,将关联的职能划归相应的职能部门进行管理,理顺各职能部门管理流程,建立健全监督管理机制,减少了纵向层次,实现扁平化管理。小浪底水力发电厂的组织机构按厂级、部门和班组(室、值)三级进行管理。

一、目标要求

1996 年 12 月 24 日,小浪底建管局批准了《小浪底水力发电厂筹建规划》,筹建规划中对电厂的组织机构和人员编制进行了初步的确定,同时明确了各阶段筹建工作的主要任务:1996 年在调查研究的基础上,制定电厂管理模式、人员编制、机构设置方案;选调部分电厂管理的技术骨干充实到前期机电管理中;1997 年组建电厂基本框架,电厂主要领导到位,并成立几个综合管理部门,逐步开展电厂筹建和职工培训工作;1998 年组成年龄结构、专业结构、业务素质合理的领导班子,配齐骨干力量,参与工程建设和监理工作,根据电厂特殊岗位要求进行有针对性的组织培训,制定电厂运行、检修、管理制度等;1999 年电厂正式成立,在管理方式、岗位设置、人员编制、制度建设等方面满足初期发电的基本要求。

二、机构设置

小浪底水力发电厂筹建规划中人员编制按不超过 180 人目标来设置,实际计划编制为 172 人,指标控制在不超过 1 人/MW 的先进水平上。根据实际情况,电厂设置 4 个生产部门和 5 个职能部门,即发电分厂、水工分厂、调度中心、监测中心和办公室、财务部、物资部、生产技术部、安监部。在小浪底水力发电厂筹备机构的领导决策层上，小浪底建管局分管机电的副局长兼任电厂厂长，对建设与生产管理进行统一领导，有利于协调好电厂与参建各方的关系，对建设、生产准备、运行各环节进行统筹规划，实现建设与生产管理的协调保障。电厂筹备处副处长由小浪底建管局机电处副处长担任，负责电厂筹备机构的日常事务工作。筹备处按电厂运转模式组建，完善岗位责任制，组织培养高素质的员工队伍，使管理人员达到一专多能、一岗多责的要求。这种组织机构模式便于电厂的监督、协调、接管等工作，在横向、纵向两个方面形成建设与生产管理的组织保证体系，能够更好地实施建管合一的管理要求。

按照小浪底水力发电厂是建管局下属生产中心和成本控制中心的定位，电厂建成后，运行、检修与维护是电厂最重要的工作，电厂只负责设备管理和安全生产。因此，在组织设计上，电厂机构主要按安全生产需要进行组织配置，减少管理环节，做到机构精简，分工有效，运作高效，以提高管理效率和经济效益。电厂只设少量必备的维修人员，不设置专门的检修队伍，机组的大修、水工检修维护等具有计划性和周期性的工作，采取合同外委的方式进行管理，电厂维修人员只参与小修部分工作。电厂运行人员承担运行值守工作并负责全厂安全经济运行。这种集约精简的组织机构形式符合现代电力生产管理模式要求，使电厂人员编制大大减少。电厂以精简的机构设置、较少的人员投入、有效的分工，满足生产筹备、接机发电、生产运行和维护检修管理要求，降低了人力资源成本，实现了小浪底建管局提出的“高起点、高标准、高素质、高效益”的管理目标。

小浪底水力发电厂按“建管结合、无缝接机、平稳过渡”的电厂筹建模式，结合小浪底建管局的实际管理情况，顺利实现利用自身力量接机发电的筹建目标，并为电厂后续平稳、安全、高效的运行打下坚实的基础。实践证明，筹建思路和方法是先进高效的。小浪底水力发电厂根据工作实际，在实际工作中不断优化、调整组织机构和岗位设置，强化全员培训，全面提高人员素质，实现组织机构的合理高效，为与国内一流水电厂管理水平接轨打下坚实的基础。作为水利部门建设和管理的最大水电厂，小浪底水力发电厂为其他电厂起到了很好的示范作用。

三、人员配置

科学合理的劳动定员可以降低电厂不安全因素产生的概率，有利于改善电厂劳动组织，减轻上岗人员劳动强度，提高人均劳动生产率。小浪底水力发电厂筹备处在国内水电厂运行管理的先进经验基础上，按照组织机构形式开展人员配置工作。

（一）定员原则

按照建立现代电厂的管理理念，在保证安全生产、提高经济效益的前提下，本着精简、高效的原则来确定定员的范围。其中，生产定员包括水工设备设施运行维护和机电设备运行维护的人员；管理定员按精干高效的原则确定，参考同类先进水电厂的标准，行政管理人员的比例初步按10%考虑，将管理与党、工、团定员合并，不再单独设置党群人员；其他方面的人员考虑采用社会化的资源配置。

（二）专业设置

（1）小浪底水力发电厂专业设置将改变过去那种专业分工过细的传统设置模式（按

照传统的专业分工和定员标准,小浪底水力发电厂定员为1 651人),尽可能按一专多能、一岗多责的原则考虑,做到专业覆盖面广、综合性强,为进一步实现组织机构扁平化和达到国内一流水电厂的管理水平做好准备。

(2)机电设备维护划分为电气一次、电气二次、自动化、机械四个大专业。其中,电气一次专业主要负责发电机、变压器、开关、隔离开关和互感器等电气一次设备的维护及高压试验、油化验等工作;电气二次专业主要负责继电保护、直流系统和通信系统等设备的维护工作;自动化专业负责计算机监控系统、励磁系统、调速系统、自动化元器件和测量装置等设备的维护工作;机械专业负责水轮机、发电机、全厂辅助设备的维护工作。在人员配置上同时考虑专业化与一专多能的要求,对于应用高新技术较多的设备系统,如继电保护系统、计算机监控系统等,其维修管理人员以专业化为主;而对于需要较多综合知识和运用基本工艺技术进行维修的设备系统,如水轮机、发电机、变压器、高压输电设备(开关、隔离开关和互感器等),则以综合型维修管理人员为主。这种责任明确的设备管理体系,减少了跨部门的不必要的协调,有利于快速消除设备缺陷,对提高大型发电机组的效益,作用尤其显著。

(3)水工维护划分为水工建筑物、金属结构、电气设备三个大专业。其中,水工建筑物专业主要负责枢纽泄洪排沙系统、引水发电系统等水工建筑物的巡检维护工作;金属结构专业主要负责闸门监控系统、闸门及启闭机等设备的运行维护工作;电气设备专业主要负责水利枢纽设备设施的电气设备运行维护工作。随着小浪底工程水工建筑物主体工程的完工,承担该项工程的部分监理工程师和管理人员调整到小浪底水力发电厂相关专业工作,继续承担水工设施、设备的管理及闸门监控系统的管理和维护工作。

(4)小浪底水力发电厂的管理(包括党、工、团)和行政人员主要在小浪底建管局内部进行调整,并进行适当的补充。

(三)专业人员配备

小浪底水力发电厂的组织机构设置对人员的素质提出了很高的要求,要求工作人员不仅具备较为扎实的专业知识,还要具有较强的学习能力,以便快速掌握、运用和维护先进的设备。小浪底建管局从1995年起就将电厂人员的培养作为人才开发的一项重要工作,为电厂接机发电做好人力资源的储备。自1995年开始逐步招收大专以上学历毕业生,1995年、1996年、1997年连续三年招收人数均在30人以上。在专业结构上,减少了以水工专业为主的工程建设人员,大幅增加了电力系统自动化、水电站动力设备工程、自动控制、计算机等电厂急需的专业人员;在学历层次上,为适应电厂需求,对引进人员实行高标准控制,以本科学历为主,本科生比例达85%以上。

考虑到刚从学校毕业的大学生虽有较高的专业理论知识,但缺乏实际操作经验,同时接机发电初期,由于设计、制造和安装等原因,设备易发生异常和障碍,运行还不够稳定,因此小浪底水力发电厂自1998年6月起,先后从水电一局机电安装分局和郑州水工机械厂聘用部分技术人员,按专业分配到各维护班组,承担发供电设备及水利枢纽泄洪系统设备的操作和维护工作。截至1999年年底,小浪底水力发电厂实际职工人数达到109人,基本满足枢纽运行管理的要求。

第三章　人员培训

从小浪底水力发电厂筹建开始，小浪底建管局从人员、资金、制度、后勤保障等方面制订了系统的电厂人员培训计划。根据电厂生产特点，重点安排对员工进行发供电系统的运行维护培训，具体为安排人员到国内先进水力发电厂进行培训，到发达国家的水力发电厂考察，到设备生产厂家及设计单位学习，参加发供电设备出厂验收，参与机组安装及设备调试工作等。到1999年年底，按计划全部完成了筹建阶段的人员培训工作，员工的专业技能达到较高水平，经考试全部取得上岗资格。

1999年小浪底水力发电厂顺利完成了首台机组接机运行任务，并实现持续安全运行。首台机组顺利接机运行后，小浪底水力发电厂开始陆续全面接管枢纽工程，培训工作由点向面全面展开。

第一节　培训计划

电厂是一个技术专业性强、设备自动化水平高、各生产环节联系密切的生产企业，职工的技术培训工作是确保机组顺利投产，以及投产后电厂能够长期运行、生产管理好、经济效益良好的重要环节。通过培训，可提高技术管理人员的岗位适应性，培养业务技能，提高事故反应能力及处理能力，使生产指挥人员能够正确地进行生产指挥，运行人员能够正确地操作和处理运行中的异常现象，检修维护人员能够正确地检修维护设备，确保机组安全经济运行。

为确保1999年年底首台机组并网发电，在1996年小浪底水力发电厂筹备处成立后，最关键的就是做好技术管理人员的培训工作。根据电力行业的特点和小浪底水力发电厂实际情况，筹备处制订出详细的三年、年度和月度培训计划。按运行维护一体化的模式，做到组织、人员、经费、责任四落实，采用近期与远景规划相结合的方法，以小浪底工程建设和机电设备安装为主线，采取外出培训和现场培训相结合的方法，分部门、分专业、分岗位，开展高标准严格培训，并定期组织考试，检验培训效果。考试成绩作为以后工作定岗的主要依据，促使员工不断提高专业技术素质和业务技能，为确保电厂的安全经济运行打好基础。

电厂筹备处根据生产准备大纲和生产准备计划制订详细的培训计划，明确培训对象、培训内容、培训方法、培训目标，分专业编制培训大纲，有针对性地选取或编制培训教材，制定切实可行的培训管理措施，无论是理论学习、现场实习还是厂家讲课，都做到有记录、有检查、有总结。培训对象分为生产管理人员、运行人员和检修维护人员三类：生产管理人员是指从事安全、生产、技术管理的人员；运行人员是指从事机组监控、运行操作和事故处理的人员；检修维护人员是指从事机电及水利枢纽设备设施的检修维护和试验的人员。在培训时间上，要求运行人员不少于24个月，检修维护人员不少于18个月。同时建立个人培训档案,作为今后安排工作与选择岗位的重要依据。

第二节 运行人员的培训

运行人员主要是运行值长和运行值班员,是设备运行的关键操作人员,必须具备一定的基础理论知识、较熟练的运行操作技能和应急事故处理能力。

一、运行人员培训目标和要求

对新入厂员工经过2~3年的集中培训,使其最终达到值长和主值班员的水平,培训的难度和强度可想而知。为了达到这一目标,对运行人员采用的培训方式为到其他电厂参与运行管理,通过系统的培训和锻炼,使运行人员熟悉电厂生产的全过程,掌握运行操作技能,提高处理事故和异常的能力,顺利完成从一名学生到电力企业员工的转变。

(一)运行人员培训应达到的具体目标

(1)全面掌握所管辖设备系统的实际情况,设备的特性、参数、基本结构情况,并了解与所管辖设备系统有关联的设备系统情况,以及各设备或系统之间的相互影响关系。

(2)全面掌握所管辖设备运行规程的内容,能正确进行操作,调整有关试验、测试数据,进行事故判断及处理。

(3)了解所管辖设备系统在安全、经济运行中,关键环节有哪些,以及如何抓好这些环节,以确保设备的安全、经济运行。

(4)了解所管辖设备系统在同类电厂运行管理中的经验教训,如何利用这些经验教训来搞好本职工作。

(二)培训要求

(1)通过培训讲课,了解设备特性、结构、参数,掌握运行和维护的方法,学习系统图纸,并且要熟练掌握。通过深入现场,了解设备的实际情况和系统的真实情况。每次学习后应经考试合格。

(2)学习运行规程。通过学习,了解设备系统应该如何正确地操作、调整,为什么要这样操作、调整,不这样操作、调整有哪些危害,以及不准许的一些操作、调整方法;初步掌握设备运行异常的判断及处理方法。必须熟知、熟记运行规程的有关规定和要求,学习后应考试合格。

(3)在国内其他电厂现场学习设备运行的有关知识,掌握一些实际运行经验,了解设备的实际情况。每个人应根据培训情况写出培训总结,内容包括学习到哪些知识,取得了哪些经验、教训,学习的心得体会等。

通过上述各项内容的培训后,运行人员在正式上岗前,还必须进行综合考试,包括岗位责任制、安全工作规程、消防规程和其他有关规程制度的内容,考试合格后方能上岗。运行值班人员要通过河南省电力公司组织的调度规程考试,并取得相应的上岗资格。

二、隔河岩水电厂培训

小浪底水力发电厂运行人员的培训是1997年年初开始的,首先是招收的1995届和

1996届相关院校毕业生共16名同志，前往隔河岩水电厂开始运行岗位的实习培训。隔河岩水电厂机组为300 MW的混流式机组，类型与小浪底机组相似，而且隔河岩水电厂为20世纪90年代投产的新电厂，设备与管理较为先进。

受训人员首先进行了集中基础性培训，了解常规控制、操作和维护知识。其次，进行了业务技能培训，掌握监控和操作技能。通过跟班培训，由浅入深，由简单到复杂，由单元到系统，理论与实践相结合，图纸与设备相结合，受训人员逐渐熟悉了电力生产原理与过程，掌握了机组控制与调节方法，具备了设备操作与维护、事故处理与分析能力，以及以可靠性为基础的设备运行管理技能等，使得受训人员分析问题和解决问题的能力得到加强。

三、葛洲坝二江电厂培训

1997年小浪底建管局共招收新员工30余人，按照培训计划，将其安排在下半年前往葛洲坝二江电厂进行培训，培训的方式与隔河岩水电厂基本相同。培训主要分两方面内容，一是运行方面的培训，二是维护专业方面的培训。所有人员被分成若干学习小组，分别参加运行各值和不同维护班组的跟班学习，定期轮换，定期组织考试。培训工作执行准军事化的严格管理，受训人员充分利用业余时间采用各种方式进行业务学习，提高了培训的效率，达到了良好的培训效果，为顺利接机发电打下了良好的基础。

四、丰满水电技术学校仿真机培训

1995届、1996届与1997届相关院校毕业入厂员工分别完成隔河岩水电厂和葛洲坝二江电厂的运行培训后，分两批参加丰满水电技术学校的水电厂运行仿真机培训。丰满水电技术学校以丰满水电厂为技术支撑，在培训水电厂一线员工方面有成熟的经验和完善的设备。受训人员通过仿真机培训，掌握了电厂运行的基本操作及事故处理方法，同时也锻炼了受训人员的心理素质和应急反应能力。

五、广州抽水蓄能电站培训

为保证首台机组发电时运行人员能正式上岗，小浪底水力发电厂筹备处在前期全面培训的基础上，从1995届、1996届、1997届相关院校毕业生中选出20名专业素质和学习能力较强的人员，到广州抽水蓄能电站进行为期半年的水电厂运行知识技能强化培训。广州抽水蓄能电站是全国第一家“一流水力发电厂”，管理模式先进，机构精简高效。广州抽水蓄能电站有一套完整的培训机构和管理办法，通过教材编写、人员讲课、现场讲解、考试检验等管理手段，保证受训人员从学员到电厂运行工作人员的快速转变。

六、小浪底现场培训

通过上述各阶段培训后，参加培训人员全面了解掌握了水电厂运行管理的基础知识，同时拓宽了视野，增长了见识，对如何管理电厂建立了基本概念。下一步最关键的培训是了解和掌握小浪底水力发电厂的设备运行操作知识。运行人员深入现场，熟悉设备系统情况，掌握设备运行操作方法和要求。同时通过组织专题技术讲课，参加设计联络会、设备出厂验收，参加国内制造厂家培训，参加工程设计介绍、安装与调试专题技术讲座，邀请电力行业相关培训机构对电网调度运行进行系统培训等一系列培训方式，提高了运行人员对小浪底水力发电厂设备的熟悉程度。

通过上述的外电厂培训和现场设备安装的跟班学习，运行值班人员基本熟悉了小浪底水力发电厂的设计，现场设备构造、性能、原理、参数和运行规程，具备了正常开停机和工况调整等基本操作技能；掌握了设备的运行操作及故障事故处理能力和设备运行分析技术，具备了基本的设备缺陷判断分析能力；掌握了设备的日常维护操作技能。

第三节　检修维护人员的培训

检修维护人员是指各检修维护班组长和专业负责人，他们是电厂检修维护的主要力量。检修维护人员应具有一定的专业理论知识和检修维护工作经验，能够处理设备运行中发生的一般故障。对新参加工作的检修维护人员，同运行人员一样，到已投运电厂或水电安装施工单位进行培训是实践证明行之有效的方式。检修维护人员通过现场培训和锻炼，学习业务知识和掌握检修维护技能，同时接受电厂生产过程的教育，树立电力企业员工的责任心和使命感。

根据计划安排，小浪底水力发电厂检修维护人员分阶段在不同电厂和水电安装项目工地进行培训学习。通过培训，了解水电厂的设备系统情况，学习有关设备知识和检修知识，在有经验的检修维护人员的带领下深入现场，了解设备系统的实际情况，熟悉设备系统，掌握设备的主要参数，熟悉负责检修维护设备的情况。培训学习采用培训讲课、跟班实习和自学等形式，学习内容包括：设备系统情况，设备机构情况，设备系统上的薄弱环节，设备的主要检修特点、方法，专业工具的使用和特殊材料应用等知识。培训讲课主要由各专业技术人员讲解，此外也邀请部分设计单位或有关制造厂家的专业人员进行。在小浪底工程机组安装阶段，检修维护人员不断地深入现场，了解施工的质量情况，同时熟悉设备和系统，对发现的施工质量问题和设计上的不合理现象，及时向有关专业人员反映，以保证工程质量和改变不合理的设计。所有检修维护人员在上岗前还参加了同类型机组完整的大修培训。检修维护人员的培训过程如下。

一、五强溪水电厂机电安装培训

湖南五强溪水电厂引进了巴西伏依特公司 3 台 240 MW 混流式水轮机，其转轮为当时国内最大。由于小浪底 6 台 300 MW 混流式水轮机也是从伏依特公司引进的，所以 1995 年 10 月，小浪底水力发电厂筹备处派 1995 届的高校毕业入厂员工和机电处部分人员去五强溪水电厂进行了为期半年的培训，受训内容主要是水轮发电机组安装技术。通过培训，受训人员对水轮发电机组设备结构、机电安装技术等内容有了深入了解，为以后工作的顺利开展打下了牢固的基础。

二、莲花水电厂机电安装培训

为尽快熟悉设备的特性，掌握检修的工艺和方法，组织检修维护人员参加工程机电设备安装、调试是十分必要的培训过程，可以更加直观地学习和了解机电设备结构特点、安装工艺、试验调试技术等。1996年下半年，小浪底水力发电厂筹备处安排1996届高校毕业入厂员工参与莲花水电厂的机电设备的安装学习和培训。参与培训人员分不同的专业与水电一局的施工人员一起上班，一起生活，在学习机电设备安装技术和试验方法的同时，也亲身体会到水电施工一线职工生活的艰辛，锻炼了艰苦奋斗的工作作风。

三、白山水电厂检修培训

为了解水电厂设备检修维护的主要工作内容，掌握设备的安装检修维护工艺和技术标准，全面学习、掌握本专业各个岗位的专业技能，掌握每一项检修、维护工作的质量标准，1997年下半年，小浪底水力发电厂筹备处安排1995届、1996届高校毕业入厂员工到东北白山水电厂进行检修维护方面的培训学习。白山水电厂机组类型基本与小浪底水力发电厂一致，通过在白山水电厂各班组的学习，主要是完整参加白山水电厂机组的大修过程，更加直观地了解水电厂主要设备的结构、性能、原理，熟悉设备的运行、检修、试验标准，熟练掌握岗位要求具备的专业技术管理知识和技能。

四、二滩水电厂和葛洲坝电厂培训

为保证首台机组发电时各专业人员能正式上岗工作，小浪底水力发电厂筹备处在前期全面培训的基础上，根据所学专业和培训成绩，1998年对1995届、1996届、1997届高校毕业入厂员工进行专业分工，基本确定各专业的岗位人员，特别是对运行和检修维护人员进行分工，开始分专业和工种进行强化培训，电气二次专业、自动化专业的维护人员到葛洲坝大江电厂相应班组进行培训，电气一次专业、机械专业的维护人员到水电一局参加二滩水电厂的机组和电气设备的安装。通过强化培训，各专业人员的检修维护水平大幅提高。

通过强化培训，机械专业维护人员了解了水电机组各机械系统设备的流程、原理、结构，掌握了检修维护工艺、工序流程和质量标准；电气专业维护人员能熟练运用电气的一、二次回路图，掌握各元器件的参数和作用，掌握发电机电气部分的基本结构、工作原理及检修维护工艺流程，掌握各种仪器、仪表、测量装置的使用以及试验的方法，掌握各保护及控制的原理和过程，能够针对各控制系统出现的异常、故障进行分析，查找原因，制定检修措施等。

五、小浪底机电安装现场培训

在有步骤地完成外单位检修维护工作培训学习后，小浪底工程已进入主设备安装期。筹备处及时组织员工介入工程机电设备的安装、验收，学习、掌握机电设备结构、性能、安装工艺，了解机电设备安装过程，参加设计联络会和设备出厂验收，参加国外、国内制造厂家安装与调试培训，为工程顺利投产发电做好准备。并邀请电力行业相关培训机构对相关专业的员工进行继电保护、励磁、电测计量、安稳装置、电焊、起重、自动发电控制等专业技术及特种作业培训。

通过3年多的在施工单位、其他水电厂和小浪底现场的机电安装培训，电厂维护检修人员已基本熟悉了电厂的生产流程，掌握了主要设备的结构、性能、原理，熟悉了设备的检修和试验标准，熟练掌握了岗位要求具备的专业技术知识和技能，掌握了设备的维护工艺和技术标准，掌握了每一项检修、维护工作的质量标准，从事电工作业、焊接作业、起重作业等的特种作业人员均通过了考试，做到持证上岗，做好了接机发电前的各项准备。

第四节　培训经验

小浪底水力发电厂利用自身力量顺利实现了接机发电的目标，证明前期一系列的培训工作是有效科学的，具体经验有以下几点。

一、提前做好人才储备

从 1995 年起，小浪底建管局开始规划电厂人员的培养和人才开发工作，为电厂接机发电及运行维护工作做准备。从 1995 年开始，增加了接收的大中专毕业生人数，1995 年、1996 年、1997 年连续三年接收人数均在 30 人以上；在专业结构上，增加了电力系统自动化、水电站动力设备工程、自动控制、计算机等电厂生产必需的专业人员；在学历层次上，对招收人员实行高标准控制，以本科学历为主，本科生比例达 85% 以上。

二、培训时间充足

早在 1995 年 10 月，电厂正式筹建之前，小浪底建管局就开始选派人员赴五强溪水电厂培训，1996 年 8 月电厂正式筹建后，一直到电厂接机发电前的 1999 年 12 月，分阶段对技术管理人员进行了 3 年多的系统培训，培训时间长达 4 年多。

三、培训内容全面丰富

在对全国比较先进的水力发电厂的设备状况、运行及管理情况进行了全面了解的基础上，小浪底水力发电厂筹备处制订了具有较强针对性的培训计划。针对不同的培训目标和不同的专业需求，1995 年 10 月至 1999 年 12 月，先后派出 50 多名相关院校毕业的入厂员工到五强溪水电厂、隔河岩水电厂、葛洲坝水电厂、白山水电厂、二滩水电厂、广州抽水蓄能电站等大型水电厂和丰满水电技术学校进行培训，大大提高了他们的工作能力，使其积累了工作经验，在接机发电工作中发挥了重要作用。

四、培训标准要求高

为适应现代化水电厂生产和管理要求，小浪底水力发电厂筹备处对人员培训提出了较高的要求。生产管理人员的培养目标为一专多能，运行人员的培养目标为全能值班，检修维护人员的培养目标为一工多艺，以此全面提升全体员工干部的技术水平和管理能力，形成严谨的工作作风，锻炼出一支责任心强、有科学管理知识、有实践经验、技术精湛、作风良好的运行检修队伍，满足安全生产需要。科学有效的培训工作使相当一部分同志具备了一专多能的素质要求，使电厂具备了少人值班的条件，为电厂长远发展提供了人才支持。

五、国内与国外培训相结合

除参加国内水电厂的专业技术培训外，培训计划还包括参加国内和国外设备的合同谈判、设计联络会、出厂验收、驻厂监造等内容，使参加相关工作的技术人员，熟练掌握设备的设计过程、制造工艺、操作方法等内容。特别是参加了计算机监控系统的联合开发以及水轮机、调速器等国外设备的培训后，受训人员对国外进口设备的性能结构有了深入的了解。

六、紧密结合现场实际

小浪底水力发电厂职工中大部分人员是近几年参加工作的具有大专以上学历的毕业生，他们虽然掌握了一定的理论知识，但缺乏工作经验。由于小浪底水力发电厂机组设备技术先进，自动化程度高，加之小浪底水轮机组是在高含沙水流条件下运行的，因此在国内同类电厂中，具有一定的独特性。根据其他已建成电厂的经验，如果电厂运行维护人员熟悉安装调试情况，有利于机组后期的安全、高效运行。小浪底水力发电厂专门制订了运行维护人员现场培训计划，充分利用水轮发电机组安装、调试的时机，组织运行维护人员参加机组安装、调试和试运行整个过程，参与机组的安装监理，与施工、监理人员一起工作，为首台机组的顺利接机发电打下了良好的基础。

第四章 生产准备

1996年8月小浪底建管局成立小浪底水力发电厂筹备处,负责电厂的前期筹备工作和人员培训,1995~1999年完成运行维护人员专业培训任务。小浪底水力发电厂于1999年1月正式成立,开始进入电厂生产准备阶段。小浪底水力发电厂生产准备工作的基本原则为:

(1)建设和生产准备管理相结合,电厂参与工程建设。

(2)坚持三个结合:一是人员配备与机组安装投产运行需要相结合;二是全能培训与保证重点专业、重点设备、重点系统相结合;三是平稳接机与投产后的提高相结合。

(3)突出两个重点,即生产技术、现代化管理。

到1999年年底接机发电之前,小浪底水力发电厂主要完成了管理模式确立、生产管理制度及技术规程编制、工器具及备品备件准备、生产管理信息系统建设、计算机监控系统开发等工作。在生产准备阶段,运行维护人员通过参加现场施工、监理、设备调试等方式全面参与小浪底工程建设过程中,对系统设备在安装、调试过程中出现的问题进行了及时跟踪和协调处理,为设备的正常投运及稳定运行奠定了较好的基础。1999年年底,小浪底水力发电厂依靠自身的技术力量,顺利实现了首台机组至6号机组的接机发电任务。

第一节 "建管结合,无缝交接"模式

20世纪80年代,国内水电工程的建设与生产管理模式是建设与生产管理分开的。建设方全权负责工程的施工和监理,运行管理单位和建设业主的联系比较薄弱,因此给工程竣工验收及投产发电初期运行、检修、维护管理工作带来诸多隐患,使得一般水电工程建成投产发电后还需要5年左右时间才能步入正常的管理和运行维护状态,尤其是设备大修、重大设备缺陷的处理要不同程度地依赖于施工安装单位,这直接影响发电运行单位的社会效益与经济效益。即使建设方和运行方是同一业主单位,运行管理方不参与或较少地参与工程建设的实施过程,只在工程完工、机组72小时试运行通过后进行接管,这样往往造成运行管理方技术上的要求不能及时得到满足,导致后期技术改造的资金和项目增多、持续时间变长、难度加大等,最终影响到发电设备的运行可靠性和安全效益目标的实现。小浪底水力发电厂在总结国内其他电厂生产准备阶段工作经验的基础上,提出了按照"建管结合,无缝交接"模式进行生产准备的工作思路。

一、建管结合

生产准备阶段是由建设阶段转入运行管理阶段的重要衔接阶段,准备工作是确保今后安全稳定运行的重要保证。为了实现建设阶段到运行管理阶段的顺利过渡,小浪底建管局提出了生产准备工作实行"建管结合,无缝交接"的模式,即在工程建设过程中,运行

管理与工程建设紧密联系,运行管理人员参与设计、招标与合同执行、安装监理、现场调试、验收等工程建设各个环节。同时,将运行维护管理要求与工程建设紧密结合,做到工程运行管理所需的技术管理介入提前进行,工程设备的移交分步连续进行,直至全部工程竣工移交投产,缩短机组从投产过渡到稳定运行的周期。这样便于电厂运行维护人员了解和掌握枢纽设施、设备的设计思想、特性,了解和掌握设备安装过程中的工序和质量控制标准、出现过的问题和采取的措施,在实践中锻炼和培养年轻的职工,有利于投运后设备的运行维护。

二、运行维护人员参与工程建设

在生产准备阶段,电厂利用建管结合的优势,在发供电设备的制造、安装和调试过程中,电厂技术人员就广泛参与其中。

电厂人员通过参加设备的标书编写、招标等活动,了解设备的设计思想,分析设计缺陷,从实际出发提出设计修改意见,优化设计方案;参与验收或参与驻厂监造,有利于从用户角度控制设备质量,尽量使设备在出厂前消除缺陷。在设备安装调试阶段,按照专业设置,参与安装单位的闸门和机电设备安装与调试,既了解了设备结构、性能、安装工艺流程、质量要求、基础数据,又及时发现了设备存在的设计、制造、安装缺陷,提出改进建议。通过参与机电设备的安装工作,电厂人员进一步学习掌握了定子整圆、下线、焊接、并头套绝缘处理以及转子组装等工艺、方法。通过参与计算机监控系统的联合开发,以及参与继电保护、自动装置等控制系统的厂家学习和培训,电厂人员掌握了系统的关键技术,为后续接机发电后直接承担调试、故障处理任务提供了保障。同时,电厂还选派人员积极参加建设业主、监理、设计和施工四方协调会,及时掌握基建、安装工程的进展信息及一些工程技术问题的解决情况。

三、取得的成效

(一)提高设备安全运行的可靠性

小浪底电站机组单机容量 300 MW,机组少一次停机和提前一天投产都将产生巨大的经济效益。在"建管结合,无缝交接"管理模式下,运行管理单位参与工程建设,以最终用户的身份全方位参与建设过程,在工程建成前消除缺陷,减少了设计不合理、设备质量缺陷、安装质量缺陷等带来的机电设备运行的不稳定因素,有利于质量控制,有利于提高设备安全运行的可靠性。

(二)减少接管后的技术改造

在"建管结合,无缝交接"管理模式实施过程中,较易发现设备质量问题。在安装监理、现场调试中发现质量问题,并对所发现的质量问题及时提出反馈意见和设计修改建议,以使问题得到妥善解决,减少了运行阶段的工作量,减少了设备设施接管后的技术改造工作。

(三)促进工程施工进度

在项目管理和监理管理人力资源不足时,电厂技术人员参与现场管理,有力支持了工程建设,缩短了设备调试周期,为机组提前投产赢得了时间。尤其是在二次设备的安装调试和计算机监控系统的联调中,电厂技术人员发挥了显著的作用。

(四)加快人才成长

运行管理单位技术人员提前介入工程设计、建设,能有效避免因技术问题造成的运行维护失误;通过参加工程阶段性验收、设备现场安装和调试,参与关键项目的实施,不仅能提前掌握设备性能,了解设备特性和不足,熟悉设备操作技能,提高培训效率,同时还能够及时发现存在的问题,尤其是隐蔽工程的安全隐患,做到早发现、早解决,将隐患消除在工程完工之前。

"建管结合,无缝交接"管理模式的实施,使运行管理单位技术人员参与了工程建设的全过程,不仅学习掌握了有关技术,缩短了运行管理人员的培训时间,降低了培训成本,提高了运行管理能力,还参与了项目管理和项目监理,提高了电厂生产技术人员的管理能力,培养和造就了一批技术和管理人才。

第二节　建章立制

为确保小浪底水力发电厂投入生产后的各项工作纳入正轨,满足生产管理需要,电厂在机组投产前,建立健全了各项生产管理制度规程(包括管理制度、技术规程、运行维护图纸、各专业设备台账等),规范管理行为,促使管理工作的科学化、标准化、规范化和制度化。在全面参与安装调试,熟悉设备原理、参数、结构和操作程序的基础上,逐步开展技术资料的准备、技术规程的编制、设备图纸资料的收集整理等工作。电厂结合实际情况,按照国家、行业的有关技术标准、规程、规定、制度规范,制定适合本厂实际的规章制度、规程规范。

一、制度建设

小浪底工程是黄河关键性控制工程,其装机容量占河南省水电装机的82%。将小浪底水利枢纽管理好、运行好,除了有一支高素质的团队,还必须建立一套完善的管理保证体系。建立以技术标准为主体、以工作标准和管理标准为支撑的标准管理体系,做到管理工作的标准化和制度化。

规章制度体系包括安全、生产技术、运行、检修、计划、物资等方面。技术标准分为运行规程和检修维护规程;管理标准分为行政管理标准、经营管理标准、党群管理标准、安全生产管理标准、物业管理标准、考核管理标准等;工作标准分为部门工作标准、岗位工作标准。以上所有标准在小浪底水力发电厂筹备机构成立后即开始着手编写,全部制度在1999年11月完成编写工作并投入使用,后期根据管理机构的调整和职责的变化进行了二次修编和完善。

二、运行规程编制

机组投产前须完成全部运行规程和部分维护检修规程的编制工作,电厂于1999年3月开展了制度和规程起草编制工作,成立了制度、规程编写组织机构,明确了编写人员和完成时间,全部规程均由电厂管理人员和技术人员自主编写。

运行规程是机组运行和事故处理的指导性文件，一般分为“设备规范”和“事故处理”两部分，是机组允许启动的必备条件之一，必须在启动前编制完成。电厂组织运行人员按照编写要求，在学习、熟悉小浪底设备的基础上，借鉴同规模已投运的水电厂规程，结合小浪底电厂设备的实际，于1999年10月编写完成小浪底水力发电厂运行规程。运行规程的编写，起到了督促运行人员去查阅图纸资料、了解设备性能、提高技术素质的作用。考虑到在机组投运前的安装过程中，存在诸如图纸资料不全、运行参数和定额尚未确定、缺乏实际运行资料和事故处理经验等限制因素，因而电厂要求运行人员加强资料的收集和积累工作，在参与设备安装调试和熟悉设备的过程中，注意收集有助于规程编写的资料，尤其是有关设备运行注意事项、运行维护、重点检查项目等方面的内容，并及时记录下来，使得运行规程尽可能满足初期运行需要。但是由于上述多方面的限制因素，编写的运行规程初稿存在一些缺陷。在规程试行一段时间后，通过征求意见，在积累运行经验和事故处理经验的基础上，电厂先后3次对运行规程进行了修订，补充和完善了相关内容，使其真正起到全面、系统指导运行人员操作和事故处理的作用。

三、系统图册的绘编

作为运行规程的重要组成部分，系统图册的准备和绘编具有重要的意义。系统图册主要有三方面的作用：一是使运行维护人员通过系统图来了解实际设备系统的状况，以便于正确地进行操作或设备运行方式的调整；二是当设备系统在运行过程中发生异常情况时，有关人员可通过设备系统图来分析研究设备系统异常运行的原因，从而找出解决的对策，以达到设备正常运行的目的；三是通过对系统图的分析研究，总结运行的实践经验，可以发现某些设备系统的不足之处，甚至是错误之处，经过认真的分析研究之后，对不合理的系统进行完善改进，以提高系统的科学性和正确性。

在施工过程中由于某些原因，不可避免会对原设计方案进行一些变更，造成设计图与实际不同。系统图的绘编工作，要特别强调与实际情况的一致性，而不是简单地引用设计阶段的系统图或厂家提供的系统图，因而在编制前需进行深入的实际调查。电厂接机发电前在收集机组运行所需的主、辅机厂家资料、设计图纸及使用说明手册的基础上，对收集的图纸资料进行了整理和绘编，先后编制印刷了《小浪底发电系统运行图册》和《小浪底远动通信系统图册》。

四、技术资料的准备和管理

对施工图纸、厂家资料、设备说明书等技术资料的了解掌握，可以使各级工程技术人员、管理人员深入、细致、全面地了解发电设备、建筑物、地下设施的情况。当设备投入运行后，能够正确地进行操作、维护检修，一旦发生异常情况，可以进行科学分析，查出原因，提出解决对策。技术资料的来源主要有：设计部门工程设计图纸，制造厂家提供的设备图纸和资料，同类型电厂的运行经验及事故总结报告，有关科研单位、院校对同类设备进行的统计分析资料和试验研究报告，行业管理部门对该类设备进行的有关科学技术分析和技术方面的规程要求等。以上几个方面的技术资料，对设备投产后的安全运行起到重要的作用。

电厂从筹建开始，就高度重视图纸、技术资料的管理工作，配置了专门的档案室和档案管理设施，配备了专门的档案管理人员，为投产前的准备和投产后的技术资料管理打下良好基础。将从业主和监理部门接收的图纸、资料严格按有关技术档案管理规定，进行分类、编号和建档存档，制定借阅的具体办法，并认真贯彻落实。针对外出培训人员的技术资料分散在个人手中，不能及时归档，造成技术资料不能集中管理的问题，电厂制定了外出培训人员技术资料不归档不报销的管理规定，确保技术资料的完整性。

五、规范现场记录

机组投产后在运行、检修和管理方面需要的各类记录、表格比较多，每一种记录、表格都要由有关管理或技术人员根据内容确定其格式，画出具体的尺寸，交印刷单位进行印制，装订成册，在机组投产前发放到运行和维护各部门。其主要包括以下四个方面。

（一）运行方面

运行记录指运行中经常要使用的形式相对固定的票、表、单等。这种相对固定的形式，可以由行业法规确定（如工作票、操作票等），也可以根据本厂实际情况确定（如运行事故报告单、设备原始数据记录表等）。运行方面的记录一般包括：运行日志（结合生产信息管理系统规定），工具、仪器、仪表登记本或登记卡片，安全活动（包括安全教育、安规考试）台账，操作票及操作票统计登记本，设备缺陷登记本，生产日报表，设备定期试验、测试记录本，避雷器动作记录，接地线使用记录，防误闭锁钥匙使用记录，生产统计表，检修交代记录，保护投、退记录等。

（二）检修维护方面

检修维护方面的记录主要包括：工作日志，设备缺陷统计分析记录，设备或仪器、仪表定期试验报告，检修工作票，维修工具、仪器、仪表登记卡，设备检修、维护记录，设备定期检修记录，设备异常分析记录，班组工作月报表，材料、备件消耗统计表，班组技术培训记录及技术问答记录本，设备异动申请表等。

（三）技术管理方面

技术管理方面的记录主要包括：生产日报表、月报表，设备运行情况统计表，设备变更和设备改进统计表，设备运行中的异常、障碍、事故统计分析表，生产调度会议记录本，运行经济指标统计表、分析表，设备变更审批表等。

（四）水工方面

小浪底工程水工建筑物和设备较为复杂，小浪底水工分厂按照专业、工作职责和管理范围分为水工室、金结室和电气室三个部门。金结室主要负责泄洪设备控制系统（闸门监控系统）、启闭机机械部分和液压部分的巡视、维护和操作；电气室主要负责泄洪设备供电系统、启闭机电气部分的巡视、维护和操作。由于在同一部门既有维护也有操作，容易发生误操作，因此除作好检修维护工作必需的记录外，电厂还参照《电业安全工作规程》的有关要求，制定了水工操作单（必须严格按照操作监护制度进行操作，操作单必须由操作人填写，经监护人和审批人审核）和水工工作单（闸门的检修、维护以及开启与关闭须经水库调度部门许可）。水工分厂相关人员必须经过考试合格，才授予相应的权限，从制度上保证了小浪底工程泄洪设施的运行安全。

第三节　工器具准备

在设备正式投运之前，为了满足生产需求，电厂根据电网的调度要求和现场设备实际情况，进行了设备编号和工器具、备品备件的准备工作。

一、设备标示牌制作安装

设备的编号是发布和执行调度、运行、检修指令，操作和办理工作票的依据，设备编号要具有唯一性，方便理解和记忆以及与图纸相对应。按照设备编号要具备类别编号、设备所在主项以及主项内的顺序编号的原则，对小浪底水利枢纽的设备进行了统一编号，制作和安装标示牌。小浪底水力发电厂电气一次系统的编号由河南省电力公司调度机构确定，电厂结合实际设备和国家有关标志、标示的制作规定，按照电力调度机构确定的发电主设备编号进行制作安装。对于泄洪设施、设备，按照设计编号进行制作和安装。对于厂用电，按照电压等级和所在母线进行编号。例如：编号为“1121”的开关，代表 10 kV Ⅰ段母线上 T21 厂用变压器低压侧开关。对于辅助设备，按照系统划分进行编号。辅助设备中，“1”代表油系统，“2”代表水系统，“H”、“M”、“L”分别代表高压、中压、低压气系统。如：编号“6103”代表 6 号机组油系统的 3 号阀门，“6203”代表 6 号机组技术供水系统的 3 号阀门，“H001”代表高压气系统的 1 号阀门。对于安全警示牌，按照国家和行业有关规定进行了统一制作，主要包括“禁止合闸，有人工作”、“禁止合闸，线路有人工作”、“在此工作”、“止步，高压危险”、“从此上下”、“禁止攀登，高压危险”、“已接地”等。

二、仪器仪表及工器具购置

为满足生产现场维护和试验的需要，1999 年 6 ~ 11 月，小浪底水力发电厂按照生产需要购置了维护、试验所需的工具和仪器。高压试验仪器主要有 220 kV 交流耐压设备、发电机定子交直流耐压设备、介损仪、变比测试仪、直流电阻测试仪、电动摇表、轻型试验变压器及操作箱、数字钳形表等；继电保护试验设备有继电保护校验仪、光功率计、标准电源和相位校验仪等；非电气量检测仪器主要有用于油压、气压表计和传感器的压力校验台，用于校验油槽、水箱内的测温电阻的热电阻校验仪，用于 SF_6气体绝缘的电气设备检修维护的气体检漏仪和气体回收车；用于自动装置检测维护的仪器主要有便携式电量变送器校验仪、标准电阻器、滑线电阻器、数字频率计、直流电压/电流表、交流电压/电流表、录波仪等；用于水轮机、发电机机械部分以及辅机检修的工器具主要有框式水平仪、合相水平仪、空气泵、手提直流焊机、台钻、立钻、磁座钻、砂轮切割机、直流焊机、交流焊机、烘箱、液压拉马、风动砂轮、手链葫芦、液压千斤顶、螺旋千斤顶、角向磨光机、百分表及表座、电动试压泵、潜水泵、红外线点温计、液压升降平台、游标卡尺、内径千分尺、外径千分尺、钢丝绳、加黄油机、冲击电钻等。这些仪器仪表及工器具基本满足了生产的需要。

三、专用工具管理

完善特殊工器具的使用及管理是工程机电设备安装顺利进行的保证。电厂与小浪底建管局机电物资部协商确定，特殊安装工器具的使用实行有偿使用的原则，由电厂收取安装公司特殊工器具借用抵押款，工器具使用完毕，必须完好归还电厂，损坏及丢失将实行抵押赔款。

根据以上原则，为保证工器具正常有效地使用，结合工地实际，具体要求如下：对属于厂家供货的特殊安装工器具，各单位若使用需凭厂家签字的领用单到电厂检修部办理借用手续（借出、归还均需双方签字认可），属于电厂购置或小浪底建管局购置电厂代管的工器具，可直接到检修部办理借用手续；对办理借用手续的工器具，电厂也将实行抵押扣款的办法，在安装过程中如发生工器具的损坏，应通知检修部管理人员到现场确认，人为造成的损坏及丢失由使用单位及个人分别承担责任；使用完毕的工器具应完整、清洁地及时归还，已损坏的工器具能修的及时修复，确实无法修复的应到电厂检修部填写损坏报告单，以备后查；安装单位借用工器具，应指定专人负责，以便管理。

四、备品备件管理

备品备件是及时消除设备缺陷、防止事故发生和加速事故抢修的重要保障。按照电厂生产的特点及备品备件的重要程度，备品备件分为事故性备品备件和消耗、轮换性备品备件。事故性备品备件是由于异常运行而损坏的设备的备品备件，这类备品备件的准备就要根据备品备件定额，分轻重缓急分别准备。消耗、轮换性备品备件可以按其损耗周期提前一段时间进行准备。这里所指的备品备件管理主要是消耗性备品备件的准备；事故性备品备件可以先准备一些通用性的，重点考虑机组和关键设备的事故备品。备品备件的准备可按各检修部门生产材料计划的要求进行，主要有随机备品及后续备品。随机备品是设备在订货时，考虑到易损、易毁部件而在基建签订购货协议时确定的备品备件，应尽可能缩小订购量，可以考虑通用性。后续备品是在机组正式生产阶段，为了确保机组的正常生产而提前储备的备品备件。

备品备件的具体管理措施如下：

（1）机组设备的备品备件由电厂和安装单位共同验收，清理登记，交电厂及委托管理单位保管。安装单位使用时，向电厂办理领用手续。

（2）备品备件入库时应进行验收，填写入库验收卡片并记录，经验收人员签字后，连同实物的加工图纸、制造厂的检验合格证等有关资料和凭证，交由库管员建档保管。验收不合格的备品不准入库。

（3）各类备品备件应单独立账，分类存放，并定期进行清点、保养、试验，做到质量合格，无损伤、变质或丢失。

（4）精密零件、二次控制设备和电气设备，要注意温度、湿度和阳光照射等的影响。对需要用特殊方式保管的备品备件，由生产技术部和检修维护单位共同提出保管措施、技术要求，以便妥善保管。金属制品必须定期做好防锈防腐工作。精密机械部件要防止变形。

（5）事故备品的动用，必须经过审批，防止使用不当。动用事故备品须经生产副厂长或总工审批同意。事故备品动用后，应及时补充，保持原储备量。

第四节 生产管理信息系统建设

小浪底水力发电厂总装机1 800 MW,单机容量较大、技术含量高,而定员相对较少。要达到先进的管理水平,不依托现代管理信息技术是难以做到的。为此,电厂在筹建初期即考虑到,管理要上水平,必须有现代化的信息管理平台,要把信息化建设提到议事日程上来,建立高度集成化的生产管理信息系统。

一、总体要求

1998年11月,生产管理信息系统建设项目组织机构成立,组织人员对相关行业进行详细的调研和考察,与国内著名的生产管理信息系统供应商就其产品进行技术交流。在进行广泛交流和详细考察的基础上,编写完成整体规划报告和软件招标文件,并确定电厂生产管理信息系统建设的八大原则:

(1)先进性。系统设计思想新,应用软件及实施采用先进的管理理念和方法。

(2)可靠性和安全性。软件系统安全可靠,数据不会被窃取。

(3)实用性。系统各模块可操作性强,能有效提高生产管理水平。

(4)集成性。各功能模块集成后能成为一个独立完整的系统。

(5)实时性。系统能及时准确地提供最新的信息。

(6)经济性。系统配置按照实际需要,充分利用已有的资源。

(7)开放性。系统能够不断更新,并能与其他系统互联。

(8)统一性。系统各模块统一标准、编码、用户界面形式和程序风格。

二、主要功能

1999年2月,经过招标和评审,确定电厂的生产管理信息系统开发由华中科技大学承担。华中科技大学开发人员于1999年2月底进厂,同电厂各管理和生产部门进行交流,在了解各单位工作职责、管理制度和流程的基础上,提出了开发目标和各阶段的节点任务。

小浪底水力发电厂综合信息管理系统分为公文管理、生产管理、生产统计管理、技术管理、安全管理、人事劳资管理、财务管理和物资管理等子系统。

(1)公文管理:充分利用Internet/Intranet技术和Lotus Notes群件技术,实现办公自动化,包括收文管理、发文管理、档案管理、信息采编、部门信息查询/领导查询、会议管理、电子邮件、电子刊物、公共信息、日常审批等系统,并实现内部Notes邮件与Internet邮件的自动交换,其中所有系统日常运行可在Internet浏览器上操作,实现办公自动化。

(2)物资管理:该模块管理的范围是电厂所用的全部通用物资和专用物资,包含如下流程及系统:

①申请—审批—领用—销账流程。

②计划—审批—校核库存—采购单流程。

③采购—验收—入库入账流程。

④库存管理:移库、盘点、保费、库存成本计算、库存余额等。

⑤查询:可按用途、设备号、类别、名称等查询库存,可按项目号、工单号、时间、设备、类别、名称等查询已消耗量。

(3)技术管理:将设备、工单与履历(台账)、规程规范、设备图纸等关联起来,为大小修报告、事故报告、缺陷分析报告、改进试验方案等提供流转管理手段。

(4)安全管理:对安全基本情况、"两票"(指操作票和工作票)合格情况、"两措"(指安全技术措施、反事故措施)完成情况、安全活动情况,自动或半自动设备安全、可靠性指标进行统计,例如可用率、故障率、正确动作率、强迫停运率等。

(5)人事劳资管理:包括系统管理、人事信息的录入与修改、人事统计信息查询、考勤管理、工资管理、保险管理等。

(6)生产统计管理:主要完成各种原始生产信息的自动统计、报表生成、打印、查询以及上报等功能。打印的报表包括电力生产日报、发电机组运行小时数统计表、机组开停机情况统计表、月报表以及年报表等。

(7)生产管理:该子系统主要包括设备消缺管理、运行管理、两票管理。

消缺管理系统主要是将缺陷的发现、登记、通知、处理以及消缺交代、缺陷统计分析这一全过程进行统一管理。实现的主要功能有:缺陷情况的录入、消缺自动通知、消缺交代的录入、缺陷的查询、统计分析以及消缺计划的制订等。

运行管理是将原有的运行管理各个环节计算机化后,再利用计算机及其网络强大的计算、存储、信息传输等功能,将电厂日常运行有关信息,如保护交代记录、避雷器动作记录和设备巡检记录等,保存到数据库服务器中,使这些信息的查询和统计更加及时准确。运行管理信息化的目的是使运行值班实现无纸化,内容有:值长值班记录、绝缘记录、巡检记录、定期工作记录、运行考核等。

两票管理是将操作票、第一种工作票、第二种工作票、机械工作票的整个业务流程进行计算机网络化管理,操作票和各种工作票的申请、签发、许可、统计分析均可在系统中完成,大大提高工作效率。

第五节 计算机监控系统联合开发

计算机监控系统具有技术含量高、涉及面广和控制复杂的特点,是电厂实行高度集中自动控制的核心。计算机监控系统的运行可靠性直接影响电厂的安全生产,监控系统是否先进,功能是否强大和完善也影响电厂的生产管理水平。电厂计算机监控系统开发的好坏不仅取决于设计院的设计水平、开发商的集成和组合能力,也取决于用户的参与程度。

首先,由于计算机硬件的可扩展性和软件的灵活性,监控系统的结构、规模、功能、性能等不可能统一,市场上没有固定的系统可供购买。其次,随着新建电厂的装机规模不断增加,其在电网中的作用不尽相同,对计算机监控功能的要求也不一样。再次,用户通过参与联合开发掌握系统开发技术,有利于对系统的升级、改进、完善和维护,更好地使用系统各项功能。最后,不同的用户其使用的习惯也不一样,用户参与计算机监控系统的开发可以将自身的习惯很好地融入一定的功能中，在开发的过程中也能承担项目监理的职能。

黄河水利水电勘测规划设计研究院负责小浪底水力发电厂计算机监控系统的设计任务，奥地利伊林公司承担小浪底水力发电厂计算机监控系统的开发任务。

一、计算机监控系统联合开发过程

为使电厂计算机监控系统达到设计功能，满足安全性、可靠性和用户习惯性的要求，电厂人员全程参与了计算机监控系统的开发、测试、现场安装调试和试运行。借鉴同类电厂（广州抽水蓄能电站、二滩水电厂、隔河岩水电厂等）计算机监控系统的开发经验，1998年10月，电厂选派8名技术人员参与了为期6个月的计算机监控系统的全程开发，其中在北京（奥地利伊林公司北京代表处）120天，进行计算机监控系统软件和数据库的开发；在奥地利伊林公司60天，进行计算机监控系统的集成和测试。

（一）设计联络会

一般来说，水电厂计算机监控系统在已确定设计方案和开发商的情况下，会召开2~3次设计联络会来确定开发的目标、系统的集成方式、设备选型和供货、对合同条款的理解约定以及技术交底等内容。

1. 第一次联络会的内容

(1)黄河水利水电勘测规划设计研究院提供有关设计资料，包括监控的点量的统计和定义、计算机监控系统整体结构、硬件结构和盘面布置、与外部设备的通信方式等内容，并提交有关文件；

(2)业主单位（小浪底建管局）和伊林公司双方对合同的理解和技术澄清；

(3)确定联合开发的组织方式和联合开发的时间。

2. 第二次联络会的内容

(1)伊林公司通报设备采购情况，并就设备变更和系统集成方案征求用户意见；

(2)黄河水利水电勘测规划设计研究院、电厂、伊林公司确定数据库定义表，各项操作流程及防误闭锁条件，各LCU的I/O定义表、顺序控制及自动倒换流程，AGC（自动发电控制）、AVC（电压控制）控制参数和边界条件，统计确定对外通信数据清单等；

(3)电厂和伊林公司就工作站监控画面、运行报表、历史记录点定义、事件记录报表、操作键盘定义、语音报警语句、ON-CALL传呼定义、统计计算格式等事项进行探讨和确定。

（二）计算机监控系统的主要开发内容

根据计算机监控系统设计联络会的内容和确定的技术方案，结合开发商选择的硬件设备的功能和系统软件的特点进行开发，其主要内容如下。

1. 数据库的定义

监控系统联合开发的一项重要内容是数据的准备工作，包含数据库信号定义、监控系统与电厂主辅设备接口的定义、监控系统对外通信（集控中心、电网调度）要求以及相关设备的合同要求、图纸资料等。由于小浪底水力发电厂计算机监控系统是奥地利伊林公司在国内开发的第一个大型项目，在此之前该公司仅开发过像西藏羊卓雍湖抽水蓄能电厂等中小型电厂的监控系统，另外，计算机监控系统的开发往往同电厂的主辅设备的设计同步进行,因此在开发过程中,电厂主辅设备的设计思想、图纸的变更和修改会导致数据库定义处在不断的修改完善中,影响联合开发的进度。为保证开发进度,在开发阶段,联合开发组同设计院以及业主单位建立了良好的沟通机制,当主辅设备的控制逻辑和图纸发生变更时,及时将变更通知单传与开发商,开发商及时对数据库进行修改,并对硬件和控制程序进行相应的修改。

2. 实时画面的开发

监控系统人机界面是电站运行人员实现对全厂设备的实时监控的主要接口,画面的色彩、布局、调用习惯、操作方式等一方面要满足国家标准,另一方面需满足运行人员的工作习惯。在联合开发中,画面的定义与编制应以电厂参与人员为主,组织开发商的工程师一起完成画面的定义及首批投运设备画面的编制工作。实时画面采用联合开发的方式,较好地将用户的意图与厂家监控系统的特性结合起来。根据小浪底水力发电厂计算机监控系统应实现的功能和控制对象,将画面分成 8 类:全厂画面、监控系统画面、机组画面、厂用电画面、公用系统画面、进口闸门和水轮机筒阀画面、开关站母线及线路画面、AGC/AVC 画面。以这 8 类主画面组成画面的主菜单,每类画面又设分菜单,画面之间的连接与转换设计要充分考虑运行管理人员的习惯和需要,使各画面的调用简洁直观。用户权限可以区分运行机组、调试机组,画面的投运随着现场设备的投运与安装逐步增加。

3. 现地控制设备应用程序开发

通常,在监控系统联合开发中,电厂技术人员主要完成画面编制与数据库定义工作,现地控制设备应用程序的设计由于涉及自动化控制的核心,一般由监控系统开发商进行。但对机组而言,好的顺序控制流程应能多方式地满足机组自动开停机的要求;满足在故障情况下,机组能安全可靠地完成事故停机的要求;满足机组正常运行过程中,对机组各种运行工况的监视要求。联合开发项目组一方面经常与厂家进行沟通、探讨、商榷,将双方对流程设计的理念融合在一起;另一方面通过自主设计、开发顺序控制流程,保证顺序控制流程的操作符合电厂运行人员的习惯,既有友好的操作界面,又便于技术人员较快地掌握整个系统的核心工作原理。小浪底水力发电厂在开发过程中将联合开发范围进一步拓宽,由电厂技术人员完成机组及公用设备控制流程设计和应用软件的编程开发,包括开停机流程、运行监视流程、重要对象的远方控制操作流程等。在出厂验收 FAT(最终验收测试)中,所有流程都通过厂家调试,保证顺序控制流程在机组运行的自动控制中能够发挥重要作用。

4. AGC/AVC 功能的实现

AGC/AVC 功能是监控系统的高级应用功能,其软件设计的基础是应用程序工作站与厂内各机组 LCU1 ~6、公用 LCU7(水头信号)、开关站 LCU8 以及电网调度系统之间的接口。此外,在 AGC/AVC 程序的设计中,需定义大量的边界条件,如机组的特性曲线、水头—出力限制曲线、运行水头对应的振动/气蚀区等。开发商只有详细地了解电厂各机组的相关参数,明确电厂的需求后,才能完成一个好的 AGC/AVC 应用软件的设计。用户对这项工作的参与,表现在两个方面:一是接口软件的设计,包括通信接口软件、人机接口软件;二是 AGC/AVC 边界条件的定义。在实际设计中,考虑到机组投运后,机组原型参数较模型曲线会有所变化,因此程序实现采用了边界条件参数化的方式,实际运行时,能够根据机组的实际运行情况修改水头—出力限制曲线、机组振动/气蚀区。通过联合开发，可完成客户化程度很高的AGC/AVC功能。

二、计算机监控系统现场联合调试

电厂技术人员通过计算机监控系统联合开发掌握了监控系统的原理与关键技术，熟悉和掌握了监控系统现地控制设备的应用软件，为联合调试打下了良好的技术基础。联合调试是将监控系统在工厂的设计应用与现场具体的设备联系起来，将监控系统与现场被控设备进行接口，实现监控功能的重要过程。为此，监控系统的调试确定由电厂负责，这也是唯一由电厂负责实施的项目。电厂专门成立了计算机监控系统调试项目组，由电厂总工程师负责，自动室全体人员组成。监控系统的现场调试按照以监控系统调试项目组为主、伊林公司调试人员负责硬件通电检查和技术支持、安装单位配合的模式开展。

机组LCU调试初期，由于调试各方对设备熟悉程度不够、现场很多交叉作业、设计更改等问题而存在一些困难。因此，机组LCU的很多调试工作均须通过加班加点来完成，借助电厂技术人员较好地掌握系统以及较深地了解现场具体设备来克服技术上和时间上的困难。在机组陆续投运的过程中，一般情况下，多数强迫停运的事件都是由现场设备运行状况、自动化元件故障等引起的，并由监控系统出口动作。对此，电厂将组织内部讨论，对这些事件进行分析，优化设计（将送至调速器的并网和功率反馈信号由监控系统模板输出改为开关闭合位置节点的硬接线和功率变送器输出；将判断技术供水阀门的全开改为判断推力、上下导和水导流量计的流量大于零；将20块推力轴承瓦的测温电阻在监控中两两串联，作为判断轴承瓦温升高的依据；将各导轴承的技术供水流量低于限定值后延时10分钟事故停机改为只发报警信号等），并由项目组提出改进措施，及时实施，大大提高了设备运行的可靠性。

第六节　发现和解决的问题

电厂通过建管结合，广泛参与工程建设，发现了一些影响安全运行的技术问题，并提出意见和建议，使这些问题在工程正式投产前得到了解决，为机组接管后稳定可靠地运行提供了保障。主要发现和解决的问题如下。

一、开关站SF_6电流互感器无气体压力监测信号问题

小浪底开关站为双母双分段带旁路的接线方式，设有发电机组高压侧、输电线路、旁路母线支路、母联开关和分段开关电流互感器（CT）17组，共计51台。电流互感器均采用上海MWB互感器有限公司生产的SF_6电流互感器，电流互感器正常工作时，SF_6气压范围为0.35~0.39 MPa，当工作压力低于0.35 MPa时应发出报警信号，以使电厂运行维护人员及时处理。在设计时，设计方没有考虑将51台SF_6电流互感器的压力信号引至电厂监控系统中，这就给设备安全运行留下了隐患。一旦SF_6电流互感器发生气体泄漏，气压降低，就会导致绝缘下降，绕组发生短路，造成设备损坏。电厂技术人员及时发现了这一设计缺陷，通过与黄河水利水电勘测规划设计研究院沟通，考虑到现场电缆敷设困难和现

地控制单元(开关站 LCU8)模板资源紧张的实际情况,将 17 组电流互感器气压低的报警信号通过一个小型 PLC(放置在开关站的 10 kV 厂用配电室内),接引至现地控制单元内。2003 年 10 月 17 日,小浪底 220 kV 升压站Ⅲ牡黄线电流互感器由于一次侧接线连接板螺栓松动,连接板内阻增大发热,烧坏了电流互感器接线板与本体的密封,造成 SF_6气体泄漏,压力下降。该装置及时发出报警信号,避免了一起设备损坏事故。

二、4 号水轮机主轴密封压力管路和转轮冲洗管路接错问题

考虑到汛期黄河泥沙含量高的特点,为减小泥沙对过流部件的磨损和气蚀,小浪底水轮机在结构上取消了用于减小水推力的释压装置,同时为减少在转轮上冠部位泥沙的淤积,在水轮机顶盖上设置了冲洗管路,水轮机运行时,冲洗泵流出的压力水流通过冲洗管路,对转轮上冠部位的泥沙进行冲洗。由于冲洗泵的功率远小于主轴密封增压泵,因此出口压力也较小,不足以克服弹簧的作用力,使密封环上浮形成水膜。4 号机组在安装时,施工人员将主轴密封水压力管路和转轮冲洗管路接错(两条管路都在顶盖上),机组试运行时造成主轴密封的密封环干磨损坏,引起大量漏水。在更换主轴密封的密封环的同时,电厂技术人员通过仔细的检查发现了这一严重的安装错误,并及时进行了改正,避免了主轴密封的再次损坏。

三、厂用电高压备用变压器的接线组别接错问题

2000 年 7 月 14 日,中控室计算机监控系统出现大量的报警信号,全厂照明消失,切换到事故照明,高压备用变压器开关和厂用 13 段进线电源 1023 开关断开。查看电站计算机监控系统报警信号发现有高压备用变压器 T23($S_N = 20$ MVA,$U_{1N}/U_{2N} = 220$ kV/10.5 kV,Y,d11 接线,有载调压形式)差动保护动作信号,现场查看高压备用变压器保护装置上差动保护动作红灯亮。现场对高压备用变压器及开关母线一次设备进行检查,未发现明显故障点。查看故障录波装置所录的波形,三相电压波形对称,I_a、I_b两相电流略有突变,I_c相电流正常,可判定是由区外故障引起高压备用变压器差动保护误动作。加上现场形势危急,决定对高压备用变压器进行一次强送,复归保护动作信号后,合上高压备用变压器开关,高压备用变压器送电正常。在 6 号机组出口所带的厂用电高压变压器投运后(从 220 kV 系统经 6 号主变压器受电),经电厂技术人员检查和试验,发现厂用电高压备用变压器的接线组别接错,由原来的 Y,d11 变成 Y,d1 接线。变压器接线组别由 Y,d11 变成 Y,d1 的原因是:Y,d11 接线在变压器外部三相电源的连接上,相序应为面向变压器高压侧从左到右为 A、B 和 C,并且变压器在整个小浪底电厂开关站受电核相前就已经安装完毕。按照设计图纸,变压器 220 kV 升压站的母线连接自西向东为 A、B 和 C,而实际与电网进行受电核相后,220 kV 升压站的母线连接自西向东为 C、B 和 A。施工人员只是简单地在变压器高、低压套管的将军帽上刷上相序色标,并没有改变变压器与母线的实际接线。这样变压器的高压侧实际连接的电源从左到右为 C、B 和 A,变压器的接线组别也就由 Y,d11 变成了 Y,d1。电厂技术人员将微机差动保护定值整定表中变压器的连接组别由 Y,d11 改为 Y,d1,消除了保护区外发生故障时误动作的隐患。

四、检修排水离心式渣浆泵不能抽水问题

小浪底的水轮发电机组检修排水管路设置在地下发电厂房的最低处(104 m 高程),由检修排水干管和3台离心水泵组成(1台离心式渣浆泵和2台双吸离心泵)。当机组检修时,关闭机组的进口和尾水闸门,打开安装在机组尾水管上的2个盘型阀,将机组的压力钢管和尾水管的积水排至检修干管内,再经检修排水泵排至尾水渠,满足机组检修条件。为及时排出轴封、阀门、管路以及检修干管内的积水,在检修泵房内设置了集水井,安装了2台排水容量较小的渣浆泵。泵房的设备由水电十四局负责安装和运行,1999年年底,在运行初期,由于集水井内杂物较多,吸水管底阀生锈,再加上充水电磁阀关闭不严或打不开等原因,渣浆泵不能正常抽水,渗漏水经常溢出集水井,危及泵房的安全。电厂技术人员经过观察试验,找出了影响渣浆泵正常抽水的原因,并联系施工单位对集水井进行了清理,将吸水管底部铸铁底阀更换成不锈钢底阀,充水电磁阀更换成以色列 BERMAD 的水力控制阀,彻底解决了渣浆泵不能抽水的问题。

第七节 接机发电

一、机组投运前应具备的条件

在小浪底工程首台机组投运前,电厂按河南省电力公司调度机构有关要求提供了电网所需的小浪底水力发电厂一次系统接线图、主要设备规范及技术参数、继电保护和自动装置的配置及保护图纸、试运行方案、运行规程、主要运行人员名单、预定投产日期等资料。小浪底建管局与河南省电力公司签订了机组调度协议、并网协议与购售电合同。

机组投运前应具备的条件如下:水轮发电机组(进口快速闸门、机组尾水闸门、水轮机、发电机、变压器、发电机出口母线、继电保护装置、主变压器、互感器以及开关等设备)安装完毕,试验合格;全厂厂用电系统、220 V 直流系统安装调试完毕;机组运行所需的主要辅助系统(调速压油系统、风系统和机组轴承冷却技术供水系统)安装调试完毕;发电机主辅设备与计算机监控系统调试完毕,满足设计要求;机组充水检查、进口快速闸门关闭试验合格;自动装置(励磁调节器、调速器)静态试验完毕,参数设置合理;机组的升压试验,机组高低压侧、线路出口的短路升流试验合格;小浪底电厂220 kV 黄河变(电网命名)一次设备安装完毕,经有资质的试验单位进行高压试验并出具试验合格的报告;各线路、母线继电保护已按照河南省电力公司调度机构下达的保护定值进行整定,并进行保护联动试验合格;与电网相联系的通信设备、远动装置、电量计量系统安装调试合格;故障录波系统安装完毕,投入使用。

二、首台机组并网发电

上述各项工作完成,已具备机组启动试运行条件。小浪底建管局向河南省电力公司提出小浪底电厂220 kV 黄河变受电申请,河南省电力公司高度重视小浪底电厂的投运工作,专门安排河南省电力公司副总工程师和调度机构副主任2名领导到小浪底水力发电

厂，协助小浪底水力发电厂进行黄河变的受电工作。在河南省电力公司的大力支持下，黄河变一次设备的受电和核相工作于1999年12月25日完成。

12月27、28日，6号机组先后完成了主变压器5次冲击试验，高、低压侧开关假同期并网，励磁调节器、调速器的扰动试验，灭磁开关负荷灭磁试验，甩负荷试验等。

12月28～31日，6号机组并网进行了72小时试运行。

72小时试运行后，施工单位对机组进行了全面的检查，消除了在试运行期间暴露出的缺陷，于2000年1月6日移交电厂管理。为确保6号机组在正式启动时顺利开机并网，小浪底电厂技术人员又对机组的同期装置参数和开机流程进行了优化。

2000年1月9日，水利部、河南省和山西省人民政府以及小浪底工程设计、建设、施工、监理等单位在小浪底举行首台机组启动仪式，时任水利部部长的汪恕诚按下6号机组启动并网按钮，6号机组一次性启动并网成功。

第五章　安全管理

第一节　概　述

坚持安全第一,实现安全生产,是国家对企业的最基本要求,是企业取得经济效益的前提和保障条件。广义的安全管理概念,就是管理者通过计划、组织、指挥、协调和控制等一系列管理活动,以消除或减少与某一事物有关的危险因素,使该事物所面临的风险满足安全要求,保障人身安全健康、设备完好无损及工作顺利进行。

小浪底水力发电厂贯彻落实国家安全生产法规,坚持“安全第一,预防为主,综合治理”的安全生产方针;牢固树立安全发展理念,树立“风险可以防范,失误应该避免,事故能够控制”的理念;建立和健全安全组织机构,制定和完善安全管理规章制度,保证安全生产投入;进行安全生产宣传教育培训,深化企业安全文化建设;组织安全生产检查,开展安全工作绩效评估和安全生产标准化建设,积极采取各种安全工程技术措施,发现、分析生产过程中的各种危险,进行综合治理;减少和杜绝各类事故造成的人员伤亡和财产损失,保障员工的安全健康,从而推动企业生产的顺利开展,为提高企业经济效益和社会效益服务。

第二节　安全管理

一、安全生产保证体系和安全监督体系

小浪底水力发电厂按照电力企业通行的安全管理模式和方法,建立安全生产保证体系和安全监督体系。这两大体系构成了小浪底水力发电厂安全管理的有机整体。两个体系各自发挥作用并协调配合,为搞好安全生产工作提供主要支撑和重要保证,为实现安全生产发挥着关键的作用。

(一)安全生产保证体系的基本构成和主要功能

安全生产保证体系有三个基本要素:人员、设备、管理。较高的人员素质是安全生产的决定性因素;优良的设备和设施是安全生产的物质基础和保证;科学的管理则是安全生产的重要措施和手段。

安全生产保证体系的根本任务,一是要造就一支具有高度事业心、强烈责任感、良好安全意识、娴熟业务技能、遵章守纪等优良品质和严肃认真、一丝不苟、精益求精等工作作风的员工队伍;二是努力提高设备、设施的健康水平,充分利用现代化科技成果改善和提高设备、设施的性能,最大限度地发挥现有设备、设施的潜力;三是不断加强安全生产管理,提高管理水平。

小浪底水力发电厂安全生产保证体系由决策指挥保证系统、执行运作保证系统、规章制度保证系统、设备管理保证系统、安全技术保证系统、政治思想工作和职工教育保证系统等六大系统组成。

1.决策指挥保证系统是安全生产保证体系的核心

根据国家和上级安全生产的方针政策、法律法规,制定企业安全、环境、质量方针和目标,健全安全生产责任制,对安全生产实行全员、全方位、全过程的闭环管理;发挥激励机制作用,不断提高员工的素质,保证安全经费的有效投入;重视员工的安全教育,健全三级安全监督网络,来充分发挥决策指挥保证系统的作用。

小浪底水力发电厂根据“一岗双责”(即某工作岗位既有生产管理责任,又有安全管理责任)的规定,按照厂领导、各部门(分厂)负责人、各值(室)负责人及各岗位工作人员的工作职责和内容,规定在他们各自职责范围内对安全生产应负的责任,建立健全了各部门及各级人员安全生产责任制。小浪底水力发电厂安全生产责任体系由厂领导、各部门(分厂)负责人、各值(室)负责人组成,实行安全生产三级(即厂、分厂、室(值)三级)控制,分级负责。各级行政正职是其管理范围内的安全第一责任人,坚持管生产必须管安全的原则,对其管理范围内的安全生产工作和安全生产目标的实现负全面责任。各级行政副职是其分管工作范围内的安全第一责任人,对其分管工作范围内的安全生产工作负领导责任,对行政正职负责。有关部门、分厂、班组和个人每一级每个岗位都落实安全生产责任。各岗位制定明确的、可操作的安全职责,做到责任分明,并实行下级对上级的安全生产逐级负责制。通过安全生产责任制、检查考核制、奖惩制的有机统一,发挥制约功能、监督功能、检查评价功能,保证各部门和各岗位人员都有明确的、具体的安全生产责任,实现人人司其职尽其责,保证枢纽安全运行,防止人身伤亡事故和设备损坏事故,不断改善劳动条件和提高设备健康水平。“一岗双责”和三级控制是决策指挥保证系统的主要内容。

2.执行运作保证系统是安全生产保证体系的基础

执行是一项系统工程,任何企业决策和经营的过程都是一个循环的圆,而现场管理执行力又是这个圆中最为重要和关键的环节。执行运作保证系统最根本的任务就是基层的班组建设。班组是企业的细胞,是安全生产的基础,也是企业反事故斗争的最前沿阵地。加强班组安全管理,建立有效运转机制是企业强化安全管理的关键,也是预防和减少各类事故最有效的措施。班组安全建设是班组建设的重要组成部分,班组的安全管理做得好,也有助于生产管理、设备管理、现场管理等。实行规范化、标准化、程序化管理,提高运行检修工作质量;严格现场管理,强化安全纪律,有效治理习惯性违章;开展安全技术、业务技能培训,提高员工技术水平和防护能力,以不断提高执行运作保证系统的效力。

班组长是生产现场安全管理第一责任人,也是安全生产保证体系能在各基层得到落实、准确执行的关键保证。要善于发现,大胆选拔有事业心、责任感和威信强的骨干作为班组长,重点培养他们处理、解决问题的能力,协调工作关系的能力,业务技术能力,同时班组长队伍要相对稳定。落实安全责任制,使基层班组在安全生产责任方面明确职责,按照安全生产工作的到位标准和考核标准约束生产一线骨干和管理人员行为,使之在执行、操作过程中发挥主观能动作用。作为执行运作保证系统,要按专业特点和工作性质,并按

"生产无隐患、个人无未遂、班组无异常"的要求,制订防止异常和"未遂"的控制措施。班组根据工作性质,要按照"以人为本"的管理思想和从严管理的要求,坚持在管事的同时先管人,在管人的同时先管思想;在生产过程中发现习惯性违章或事故苗头,就要抓住不放,及时制止;严格执行"两票三制"(指工作票、操作票,交接班制、巡回检查制、设备定期试验轮换制),定期开展班组安全日活动。

班组生产实现标准化、规范化是加强企业管理的基础,是推动企业进步的重要措施。为此,要抓好生产现场标准化、生产管理标准化以及操作标准化等三大环节,生产现场标准化是基础,生产管理标准化是保证,操作标准化是核心,生产现场标准化和生产管理标准化要服务于操作标准化。标准化作业是以企业现场安全生产、技术和质量活动的全过程及其要素为主要内容,按照企业安全生产的客观规律与要求,制定作业程序标准和贯彻标准的一种有组织的活动。标准化作业是安全生产的基础。事故是由物的不安全状态和人的不安全因素引起的,其中更主要的是人的违章操作。除加强员工的安全意识外,更应规范员工的安全行为。标准化的作业程序是建立在各种安全规程、规范的基础上的,对人的不安全行为具有很强的约束性,而约束性就是标准化的基本特性。约束性表现在强制性标准的执行,也表现在指导性技术文件的落实。推行标准化作业,预控施工中的危险因素和不确定因素,防止习惯性违章,才能始终建立安全生产的长效机制。

3. 规章制度保证系统是安全生产保证体系的根本

规章制度保证系统的重点是建立和完善企业的各项规章制度,实行安全生产法制化管理;从严要求,从严考核,杜绝"有法不依、执法不严";认真执行"四不放过"(指事故原因未查清不放过,责任人员未处理不放过,整改措施未落实不放过,有关人员未受到教育不放过)原则,做到警钟长鸣。

电厂依据国家、相关行业及上级部门的有关法律、法规、标准、规定,制定相关规章制度,实施安全质量保证体系,推动安全生产工作制度化、规范化、标准化。在贯彻中可以结合实际制定细则或补充规定,编制企业各类设备的现场运行规程、制度;制定电厂的检修管理制度;每年应对现场规程进行一次复查、修订,并书面通知有关人员;现场运行和检修规程每3~5年进行一次全面修订、审定,并印发。

只有严格执行"两票三制",严格执行"三大规程"(运行、检修、安全),严格执行设备缺陷管理等制度,严格执行安全施工作业票和安全技术交底制度,严格执行各项技术监督和监控规程、标准,才能确保安全生产。

4. 设备管理保证系统是安全生产保证体系的重点

设备是保证安全生产的物质基础,坚持定期检修、进行设备改造、加强运行监督、执行缺陷管理、抓好设备管理是设备管理保证系统的重点。通过加强设备管理,不断提高设备安全运行水平;强化设备缺陷管理,提高设备完好率;落实"反事故措施计划",保证设备安全运行;应用新技术、新设备、新工艺,提高装备水平。对当前运行的设备通过安全性评价进行分类排队,按轻重缓急制订设备改造规划和计划,逐年实施,改造完善。

(1)加强设备的正常运行维护检修,保证设备安全运行。对运行设备加强运行监督,执行缺陷管理制度和设备评级管理制度及设备专人负责制度,将安全责任落实到人。为掌握和分析设备的技术状况,坚持设备评级制度,根据设备状况将设备分为一级设备、二级设备、三级设备，制定详细的设备评级标准，用设备可用率来考核设备的健康水平。

(2)坚持设备“应修必修，修必修好”的检修原则，及时安排设备大、小修。在检修工作中，要严格执行检修工艺标准，按标准化作业程序进行。检修工作结束后，认真执行“三级验收”(即班组、分厂、厂三级分别组织验收)制度，进行严格考核，确保检修质量，保证检修周期，在检修周期内出现检修质量问题，要追究检修负责人的责任。充分应用先进技术和手段，加快引进、应用国外先进的监测技术和手段，积极稳步开展诊断性检修工作，降低修理成本和停电损失。

(3)加强可靠性数据的分析和管理，提高设备管理水平。对可靠性数据的分析和管理成果，要逐步成为指导加强设备全过程管理，改善设备和系统性能，提高设备质量的重要依据。可靠性管理是与设备管理是相辅相成的，可靠性管理是设备全过程管理的一个重要部分。可靠性管理的大量基础数据来源于设备运行的状态。对设备运行状态数据进行统计、分类、整理后，再反馈到设备管理的过程中，去指导设备管理，形成闭环控制。它的每一次循环，实际上就是对可靠性管理和设备管理水平的一次提高。所以，随着设备管理水平的不断提高，设备的可用率、供电可靠性必将随之提高，电厂的安全就得到了保证。

5. 安全技术保证系统是安全生产保证体系的有力支撑

电厂通过加强技术监督与技术管理，应用、推广新的技术监测手段和装备，落实安全技术和劳动保护措施计划，改进和完善设备、人员防护措施，来实现电厂安全生产的基本安全。

技术监督作为电力安全生产独具特色的重要手段和生产技术管理的重要方法之一，对及时掌握设备健康水平，以确保发供电设备在良好状态或允许范围内运行起到了有力的保证作用，并逐步形成了一套合理而有效的技术管理体系。小浪底水力发电厂的技术监督管理主要在继电保护、绝缘、金属结构、电测仪表、自动装置、电能质量、远动通信、水工等八个专业进行。技术监督工作以质量为中心，以标准为依据，以测量为手段，建立了质量、标准、测量三位一体的技术监督工作体系，建立了技术监督网，依靠完善和细化的技术监督标准、规章制度，形成技术监督的标准体系和制度体系，做到有章可循。本着“以人为本”的原则，突出重点和有针对性地做好技术监督的培训工作，做到多层次、低重心，特别是一线专业技术人员、技术监督人员的培训到位，不断提高技术监督队伍的素质，科学、准确地开展技术监督工作。通过全过程、全方位的技术监督工作，查出隐患，找出事故源头，制订有针对性的反事故措施，实现持续改进和不断提高的循环过程，为设备做好“保健医生”，有效促进电力生产安全经济运行。

安全技术和劳动保护措施计划根据国家、行业、上级部门颁发的标准，以“关爱生命，关注安全”为出发点，从减轻职工压力、改善劳动条件、防止人身伤亡事故、预防职业病、推动安全设施标准化、提高消防水平等方面进行编制。项目安全施工措施应根据施工项目的具体情况，从作业方法、施工机具、工业卫生、作业环境等方面进行编制，最终达到保护职工身心健康和生命安全的目标。

6. 政治思想工作和职工教育保证系统是安全生产保证体系的关键

党、政、工、团各部门通力合作，结合企业安全生产工作开展有针对性的竞赛和宣传活动，形成党、政、工、团齐抓共管的合力，通过形式多样的安全思想、安全纪律教育工作，职业道德教育和岗位技能培训，使得全体员工的安全生产意识和技能大幅提高。

小浪底水力发电厂充分依靠全厂职工，对安全工作实行全厂、全员、全过程管理，做到凡事有人负责、凡事有章可循、凡事有据可查、凡事有人监督。做好职工安全思想教育工作，开展安全教育培训，不断提高职工的技术业务素质，坚持进行班前会和班后会、安全日活动、安全分析会、安全检查、安全简报、安全教育培训等例行工作，确保安全教育培训做到全员和全过程覆盖。

开展经常性的安全教育，要使安全工作由处理事故的被动状态转变为事前预测的主动防范，必须十分重视提高生产一线职工的素质，使他们在思想上和技术上都能适应安全生产的要求，不具备基本安全知识和技能的人不能上岗。为此，小浪底水力发电厂积极做好职工的安全思想教育工作，提高职工遵章守纪的自觉性，使党和国家有关安全生产的方针、政策真正为群众掌握，成为职工在生产中的自觉行动。与此同时，有针对性地开展安全技术培训和逐步实现全员培训，做到各岗位人员操作正确、熟练；安全基本知识人人掌握，能熟练判别异常情况，及时排除生产故障；有计划地普及现代安全生产科学管理的基本知识，使大家懂得事故预测的基本方法，把安全生产的科学管理推广到群众的生产实践中去，使安全管理由传统管理上升为科学管理。

（二）安全监督体系的基本构成和主要功能

安全监督是指安全监察部门和安全监察人员，依据国家法律和行业有关规定，对企业内部各生产管理和有关部门，贯彻国家、行业安全生产规定和生产安全情况进行的监督检查活动。安全监督体系具有双重职能：一是运用行政和上级赋予的职权，对电力生产和建设全过程的人身与设备的安全进行监察，这种监察职能具有一定的权威性、公正性，带有强制性的特征；二是作为安全管理的综合部门，协助领导抓好安全管理工作，开展各项安全活动，具有安全管理的职能。

1. 安全监督体系的构成

小浪底水力发电厂安全监督体系由安全监督部门、分厂和室（值）安全员组成三级安全监督网络。其主要功能，一是安全监督，二是安全管理。即运用行政上赋予的职权，对电力生产和建设全过程的人身与设备安全进行监督，并具有一定的权威性、公正性和强制性；协助领导做好安全管理工作，开展各项安全活动等。

小浪底水力发电厂安全监督部门的工作侧重点，以安全管理为主，现场监督为辅，以不定期抽查为其主要监督方式。分厂级安全员的工作侧重点，是监督一些工作量较大或工作条件较复杂的大修、基建、改造等工程，其他工程可采取不定期抽查的办法，以较多的精力从事安全管理工作。室（值）级安全员主要侧重于现场监督。

2. 安全监督体系的基本任务

根据“安全第一、预防为主”的方针，监督、检查国家和上级有关安全生产的法规、标准、规定、规程、制度的贯彻执行；对电厂发生的人身和设备事故，在规定职权范围内，进行调查并提出处理意见，按照规定向上一级安全监督机构报告情况；协助企业领导开展反事故斗争，组织各种安全活动，共同保障发供电设备的安全运行及生产过程中的人身安全。

3. 安全监督体系的具体工作

监督与安全生产有关的各项规程、制度及上级指示的贯彻执行，经常进行现场监督性巡视;监督安全技术措施、反事故措施的实施,劳保用品及安全工器具的购置、发放和使用;监督生产培训工作;参加和协助事故调查,参与工程设计审查及外包工程的资质审查等工作;做好安全资料的积累工作,组织开展好各项安全例行工作。

4.安全监督体系的工作方法

在生产实践中,如果不能正确处理好安全保证体系和安全监督体系两者的关系,就会影响安全监督体系功能的实现。因此,要充分发挥安全监督体系的作用,工作方法就显得十分重要。

(1)由于电力生产的复杂性,安全问题渗透于电力生产各个方面、各个环节,任何一个错误的命令、错误的操作、错误的作业,都可能导致事故甚至整个电力系统的瓦解。所以,安全监督人员必须掌握电网运行、设备运行等各种专业知识,掌握各类生产人员的工作性质和特点,掌握不断发展的电力生产新知识,成为电力生产的行家里手,为安全监督工作打下坚实的基础。

(2)安全监督部门要有一个长期的管理规划和目标,如企业员工的安全培训、安全设施标准化、安全生产激励机制的建立、企业安全文化的创建等。这些工作不但要有计划,而且要有具体内容和实施方案,通过分阶段、由浅入深地工作,使员工的安全生产技能、安全生产意识和企业的安全生产基础得以不断提高。

(3)安全监督部门要在大量的、深入的现场安全管理实践中,不断发现和研究管理中存在的问题,找出安全管理中具有规律性的东西,上升到理性的认识,形成规章制度。用不断完善的安全生产规章制度指导工作,使安全管理规范化、制度化。

(4)安全监督工作直接涉及对人的管理,如果单纯采用处罚,不能使员工从思想上对安全管理产生认同,心悦诚服地接受教育,相反可能使员工产生逆反心理。要把思想工作与严格的奖惩有机地结合起来,并做到在奖罚上制度化、规范化,切忌随意性和盲目性。对一般性违章应区别不同工种和特定生产环境,宜采用以说服教育为主的处理方法。对严重违章和屡教不改的习惯性违章,要坚决果断地严肃处罚。同时,要做到有奖有罚,对在企业安全生产工作中作出贡献的员工、安全风险较大的工种,安全监督部门要积极为他们争取荣誉和奖励,并要进行大力表彰和宣传,在企业中逐步形成违章可耻、安全光荣的企业文化。

(5)要做好电力企业安全工作,安全监督体系与安全生产保证体系须形成合力,才能使安全管理整体功能得以发挥。安全监督部门要经常主动与各生产单位、生产技术部门、党群部门沟通信息,及时向他们通报上级安全管理的要求、职工奖罚处理、安全管理工作重点等情况,积极主动听取有关部门的意见和建议。特别是在事故调查和处理中,安全监督部门要充分听取事故单位的意见,全面了解和掌握情况,对事故原因和责任做出正确的分析和判断。如果事故原因分析不当或对有关责任人处理不当,就会对安全管理的严肃性、安全监督的权威性造成影响,对今后的安全监督工作十分不利。

(6)搞好企业的安全生产工作,离不开领导的重视和支持。这除了领导对安全工作重要性的认同外,很大程度上取决于安全监督体系的工作情况和工作效果。如果安全监督人员通过扎实、细致的工作,对企业安全形势的分析具有及时性、准确性,提出的措施具有针对性、可行性,使安全基础不断巩固,安全水平不断提高,使领导感到安全监督人员是自己安全工作上离不开的参谋和助手,领导自然会重视和支持安全监督体系的工作。

(三)安全生产保证体系与安全监督体系的关系

安全生产保证体系对企业的安全生产工作负有完成的职责,安全监督体系则负有监督检查的职责。

安全生产保证体系和安全监督体系是从属于安全生产这一系统工程的两个子系统,都是为达到企业安全生产的共同目的而建立和工作的。

安全生产保证体系和安全监督体系各自的职责和分工又有所不同。安全生产保证体系要保证企业在完成生产任务的过程中实现安全、可靠;要解决在实施全员、全方位、全过程的安全生产闭环管理过程中,谁对哪些工作负责任,在什么范围内负责,负什么样的责任等问题,使电厂生产的每项工作、每个岗位人员都时时、处处考虑到安全问题,落实好安全保证措施。安全监督体系则直接对企业安全第一责任人和安全主管领导负责,要监督、检查安全生产保证体系在完成生产任务的全过程中,是否严格遵守各种规章制度的规定,是否落实了安全技术措施和反事故措施,是否保证了企业生产的安全可靠。

所以,安全监督体系和安全生产保证体系是一种制约与被制约的关系,安全监督体系是制约者,安全生产保证体系是被制约对象。从安全生产保证体系和安全监督体系对安全生产的作用因素看,安全生产保证体系起到内因的作用,安全监督体系起到外因的作用。因此,要夯实电厂的安全生产基础,建立长效的安全生产管理机制,确保安全生产,其保证体系的有效运作起着决定性的作用。而安全监督体系的作用,就是检查、监督安全生产保证体系运转是否正常,是否有效。

小浪底水力发电厂通过实践不断完善安全生产保证体系和安全监督体系,创新安全管理的手段和方法,提高安全管理的水平,为电厂的安全、高效及可持续发展提供有力保证。

二、安全管理制度

建立有效的企业运营机制,健全各种规章制度,规范企业行为,提高企业管理者及员工的整体素质,增强企业效益和经济实力,是企业生存发展的必需条件。强化安全管理,理顺工作关系,整治设备和治理环境,都需要一套完整的管理制度、岗位规范和工作标准。为使小浪底水力发电厂的安全管理工作逐步实现制度化、规范化和标准化,小浪底水力发电厂在成立之初就十分注意安全管理制度的建立,在电厂筹备和生产准备阶段,随着工程建设和电厂管理工作的逐步推进,陆续建立了一系列的安全管理规章制度,并结合电厂实际情况和外部环境的变化进行完善和补充。在2002年小浪底主体工程完工后,就整理编写并颁布了小浪底水力发电厂安全管理制度汇编,基本形成了电厂安全管理制度体系,为安全管理提供了制度保障,并在2008年结合生产形势对安全管理制度进行了全面修编。

小浪底水力发电厂的安全管理制度,坚持"以安全生产为基础,以综合效益为中心,以制度化为目标"的方针,坚持实事求是、从严要求、依法治厂的精神,对强化电厂安全生产管理和监督工作具有十分重要的意义,是电厂发展中应遵循的企业法规,是电厂安全高效发展的保证和支撑。小浪底水力发电厂安全管理制度体系主要包括三大部分的内容,一是全厂各级人员的安全职责,二是全厂各职能部门的安全职责,三是安全管理制度。即按照"安全生产人人有责"的原则,明确电厂各级工作人员的安全责任是保证安全生产的根本;按照"一岗双责"的原则,管生产必须管安全,明确各部门的安全职责,是安全生产的基础;按照国家有关安全生产和劳动保护的政策、法令、法规、技术规程,制定电厂的安全规章制度,是实现安全生产目标的保证。下面就小浪底水力发电厂安全管理的几项基本制度作简要介绍。

(一)安全生产管理办法

安全生产管理办法是电厂安全管理制度的基础,规定了小浪底水力发电厂安全管理职能、内容和要求、检查与考核,相当于安全管理制度体系中的"宪法",是对电厂各级安全管理工作的指导性文件。

该办法要求所有员工必须认真贯彻执行国家有关安全生产劳动保护的政策、法令、法规、技术规程,严格执行本厂制定的各项规章制度,直接从事生产的各级领导人员、工程技术人员、生产职工均应认真学习和执行《电业安全工作规程》、《安全生产工作规定》等有关安全生产的法规条例,并定期参加考试。厂长是本厂安全生产工作的第一责任人,必须坚持"安全第一"的方针,严格执行国家有关安全生产的政策和指示,并对本厂的安全生产负全面领导的责任。安全监察部作为生产职能部门,在厂长的直接领导下,接受生产副厂长领导,负责本厂的安全生产监察和安全管理工作。各部门主要负责人对本部门的安全工作全面负责,各部门设兼职安全员,在本部门主要负责人的领导下,负责本部门的安全监察和安全管理工作,同时接受安全监察部的检查和指导。值长(室主任)对本值(室)的安全工作全面负责,各值(室)安全员负责本值(室)的安全生产监察工作和安全管理工作,可直接向本部门安全员请示汇报工作。由厂领导、各部门负责人、各值(室)负责人组成安全管理保证体系,实行安全生产三级控制,分级负责。由厂长、生产副厂长、安全监察部、各部门安全员、各值(室)安全员组成安全管理监察体系,监督安全生产各项工作的执行和落实。

该办法明确指出小浪底水力发电厂安全生产工作要贯彻"安全第一,预防为主,综合治理"的方针,强化安全生产法制观念,保证枢纽安全运行,防止人身伤亡事故和设备损坏事故,不断改善劳动条件和提高设备健康水平。全面加强安全管理,充分依靠全厂职工,做好职工安全思想教育工作,不断提高职工的技术业务素质,贯彻落实安全技术措施和反事故措施,严格执行规程制度,达到保证安全生产的目的。建立健全各部门及各岗位人员安全生产责任制,保证各部门和各岗位人员都有明确的、具体的安全生产责任,实现人人司其职尽其责。建立安全管理保证体系和安全管理监察体系,对安全工作实行全厂、全员、全过程管理,做到凡事有人负责、凡事有章可循、凡事有据可查、凡事有人监督。

另外,安全生产管理办法对检查与考核的程序和方法作出了具体规定,各级领导必须切实履行安全责任,在管生产的同时必须管安全工作。为了加强安全工作,电厂实行安全监察制,对影响安全生产的重大问题、违章情况及危及人身安全的问题,实行"安全生产监察通知书"制度,督促有关部门限期解决。在发生事故后要认真地、实事求是地进行调查、报告、处理,做到"四不放过"(即事故原因未查清不放过,责任人员未处理不放过,整改措施未落实不放过,有关人员未受到教育不放过)。安全检查应按照以下程序进行:听汇报、看现场、查资料、提问题、评议。各部门应根据自查和上级检查的情况,制订整改计划，做到项目、措施、人员、时间、费用五落实。对在安全生产工作中作出突出贡献者应给予表彰奖励，对事故负有责任的单位和个人应进行处罚，做到奖罚分明。

（二）安全生产工作奖惩实施细则

为了认真贯彻"安全第一，预防为主，综合治理"的方针，进一步落实各级人员安全生产责任制，在安全生产工作中做到奖罚分明，调动员工的安全生产积极性，提高安全生产水平，确保人身、枢纽、设备安全，根据国家有关的法律、法规和上级领导部门有关制度规定，结合小浪底水力发电厂实际情况，制定安全生产工作奖惩实施细则。安全生产奖惩按照"以责论处"的原则，对认真履行安全生产职责并在安全生产中作出显著成绩和特殊贡献的集体和个人，应给予重奖；对在工作中因严重失职、违章指挥、违章作业、违反劳动纪律造成事故、障碍、异常及不安全现象的有关责任人给予批评和处罚。安全监察部负责全厂安全生产的监督和考核工作，厂考核小组通报每月考核结果，并根据考核结果发放每月考核兑现奖金。

对在安全生产工作中作出贡献的集体或个人给予奖励，主要指以下几个方面：

（1）避免了一般及以上人身伤亡事故、重大及以上设备事故；

（2）及时发现异常或设备隐患，避免了一般设备事故；

（3）积极参加事故抢险，在处理过程中，操作正确、处理果断，防止了事故扩大，减少了事故损失；

（4）发电机组检修后设备健康水平优于检修前状态；

（5）全年闸门启闭成功率达到很高水平；

（6）及时发现并处理设备隐患，避免了设备一类障碍；

（7）发电作业连续千次操作无差错者；

（8）在安全生产工作中作出其他突出贡献者。

对于符合以上条件者，由所在部门填写"安全生产奖励申请"报安全监察部核实，经厂考核小组审核，厂考核领导小组批准。

凡出现以下情况，给予严厉处罚：

（1）对各类不安全情况隐瞒实情，阻碍正常分析调查；

（2）重大隐患整改措施落实不力而引发事故；

（3）重复发生相同类型的不安全事件；

（4）违章后不听劝阻；

（5）发生事故。

根据调查报告结论，划分责任，对有关责任者按处罚细则给予行政处分（报上级主管部门批准）及相应经济处罚。

（三）突发事件应急管理制度

为了预防和减少突发事件的发生，控制、减轻和消除突发事件引起的严重危害，规范突发事件的应对措施，保护生产人员生命财产安全，维护枢纽安全稳定运行，小浪底水力发电厂制定了突发事件应急管理制度，建立了统一领导、综合协调、分类管理、分级负责的应急管理体制，具体包括突发事件的预防与应急准备、监测与预警、应急处置与救援、事后恢复与重建等主要内容。

突发事件应对工作实行"预防为主、预防与应急相结合"的原则。建立重大突发事件风险评估体系，对可能发生的突发事件进行综合性评估，减少重大突发事件的发生，最大限度地减轻重大突发事件的影响；建立有效的突发事件应急知识教育机制，增强全厂人员防范风险的意识，提高突发事件应急处置能力；成立应对突发事件的应急指挥机构，研究、决定和指挥重大突发事件的应对工作，最大程度地保护人身、枢纽、电网和设备的安全。

预防与应急准备主要包括制订突发事件总体应急预案，组织制订突发事件专项应急预案，制订突发事件现场应急预案。各部门对本辖区内容易引发自然灾害、事故灾难的危险源、危险区域进行调查、登记、风险评估，定期进行检查、监控，并采取安全防范措施。建立由各专业人员组成的应急救援队伍，各部门对救援人员定期进行培训，有计划地组织必要的应急演练。建立应急物资储备保障制度，完善重要应急物资的监管、储备、调拨和紧急配送体系。

监测与预警主要包括建立全厂统一的突发事件监测预警系统，确定突发事件信息的汇集、储存、分析、传输工作机制，实现各有关部门突发事件信息互联互通和及时传递。根据自然灾害、事故灾难事件的种类和特点，建立健全基础信息数据，完善监测网络，划分监测区域，确定监测点，明确监测项目，提供必要的设备、设施，配备专职或者兼职人员，对可能发生的突发事件进行监测。建立突发事件预警制度，当可以预警的自然灾害、事故灾难事件即将发生或者发生的可能性增大时，应急指挥机构根据规定的权限和程序，向上级部门报告，按要求发布四级至一级的相应级别的警报，并宣布有关地区进入预警期。一级为最高级警报。

应急处置与救援是指在突发事件发生后，应急指挥机构针对其性质、特点和危害程度，立即组织有关部门，调动应急救援队伍，营救受害人员，疏散、撤离并妥善安置受到威胁的人员以及采取其他救助措施；迅速控制危险源，标明危险区域，封锁危险场所，划定警戒区以及实行其他控制措施，立即组织抢修被损坏的设备设施；启用储备的应急救援物资，必要时调用其他急需物资、设备、设施、工具；采取防止发生次生、衍生事件的必要措施。

事后恢复与重建是指突发事件的威胁和危害得到控制或者消除后，应急指挥机构停止采取的应急处置措施，同时采取或者继续实施必要措施，防止发生自然灾害、事故灾难的次生、衍生事件或者重新引发安全事件；组织对突发事件造成的损失进行评估，组织受影响区域尽快恢复生产秩序；突发事件应急处置工作结束后，及时查明突发事件的发生经过和原因，总结突发事件应急处置工作的经验教训，制定改进措施。

（四）生产事故调查管理制度

建立生产事故调查管理制度的目的是保证生产事故报告、调查、统计、处理的及时性和规范性，总结经验教训，防止和减少生产事故的发生。生产事故调查管理应坚持"四不放过"原则，在事故调查中做到事故原因未查清不放过，责任人员未处理不放过，整改措施未落实不放过，有关人员未受到教育不放过。任何生产事故发生后，都应从管理上、人员责任过失方面查找原因，做好进一步防范。

生产事故调查管理制度主要从管理职责的认定和划分、事故报告的程序和时间限定、事故调查依据、调查程序和调查分析、部门和个人责任认定、防范措施落实、检查和考核办法等方面做出明确的规定。

（五）危险源辨识与风险控制管理制度

为加强安全生产的预防能力和控制手段，辨识生产、管理过程中的职业健康安全危害源，评价其危险程度，判定并控制不可容许危险源或重大风险因素，保证员工人身安全，根据《中华人民共和国安全生产法》、《职业健康安全管理体系规范》、《重大危险源辨识》、《电业安全工作规程》等有关法规规定，结合生产实际情况建立了危险源辨识与风险控制管理制度，用于规范危险源辨识、风险评价与风险控制的管理关系和基本要求。危险源辨识、风险评价与风险控制工作实行“统一管理，分级控制”的原则。

厂长全面负责全厂的危险源辨识与风险控制管理工作，确定危险源辨识、风险评价与风险控制工作组织机构，并明确职责，保证安全生产资金投入。安全监察部定期公布适用的法律法规及标准清单，负责全厂危险源辨识、风险评价与风险控制工作的组织协调、指导、监督和汇总，建立重大风险因素管理档案，并随实际情况的变化不断更新；负责监督已审批的重大风险因素的控制措施或管理方案的落实与实施；负责监督外包工程中危险源的辨识工作；负责对危险源辨识、风险评价与风险控制工作进行检查、评价、考核。成立重大风险控制评审小组，负责对全厂适用的法律法规及标准清单进行审核；负责对各部门已评价出的危险源、重大风险因素、风险控制措施计划进行审核；负责对已确定的重大风险因素制订管理方案或控制措施。

电厂成立了重大风险控制评审小组，小组成员由厂领导和各部门主要负责人员组成。评审小组办公室设在安全监察部，负责开展危险源辨识与风险评价的组织工作，制订职业健康安全危险源辨识和风险评价的计划，并发放到各部门实施。各二级部门根据职业健康安全危险源辨识和风险评价计划，成立部门危险源辨识与风险评价小组，组织本部门（下属各室、部门）定期进行危险源辨识和风险评价活动。评价小组成员由部门管理人员和生产骨干人员组成，形成部门的危险源辨识清单和初步风险评价结果，经评审小组办公室汇总后报重大风险控制评审小组评审。

危险源辨识的范围要覆盖全厂所有生产作业和管理活动的全过程。电厂组织全厂范围内重大危险源的辨识，并按要求编制重大危险源清单。重大风险控制评审小组对各部门已评价出的危险源、重大风险因素、风险控制措施计划进行审核，制订重大风险因素管理方案或控制措施。重大风险控制评审小组列出的需要采取的控制措施，由有关部门实施，实行厂、分厂（部门）、班组（室）三级控制，确保危险源始终处于受控状态。重大风险控制评审小组会同有关职能部门、责任部门对风险控制措施进行跟踪、检查和监测，所采取的风险控制措施未达到预期效果的，重大风险控制评审小组组织相关部门进行原因分析，重新制订控制计划并安排实施，直至达到预期效果。更改/扩建项目、新设备投运、生产条件变更时，要按照“三同时”（即安全设施必须与主体工程同时设计、同时施工、同时投入生产和使用）的要求，由相关部门会同重大风险控制评审小组，对其进行危险源辨识和风险评价。

（六）安全生产事故隐患排查治理管理规定

为了加强事故隐患监督管理，防止和减少事故，建立安全生产事故隐患排查治理长效机制，保障广大职工生命财产安全和小浪底水利枢纽安全稳定运行，根据《中华人民共和国安全生产法》等法律、行政法规，制定安全生产事故隐患排查治理管理规定。

安全生产事故隐患是指因违反安全生产法律、法规、规章、标准、规程和安全生产管理制度的规定，或者因其他因素在枢纽生产运行活动中存在的可能导致事故发生的物的危险状态、人的不安全行为和管理上的缺陷。事故隐患分为一般事故隐患和重大事故隐患。一般事故隐患是指危害和整改难度较小，发现后能够立即整改排除的隐患。重大事故隐患是指危害和整改难度较大，应当全部或者局部停产停运，并经过一定时间整改治理方能排除的隐患，或者因外部因素影响致使自身难以排除的隐患。

安全生产事故隐患排查治理工作坚持“统一领导、分级负责，及时治理、长期监控”的原则，厂长统一领导全厂事故隐患排查治理工作，负责组织审定重大事故隐患排查治理方案，对全厂事故隐患排查治理工作全面负责；各分管领导对分管二级单位的事故隐患排查治理工作负领导责任；各级人员按照各自职责范围，对事故隐患排查治理工作分级负责。安全监察部对全厂事故隐患排查治理工作进行监督检查和汇总统计；生产技术部对全厂事故隐患排查治理工作提供技术指导，负责组织制订重大事故隐患排查治理技术方案。各部门是事故隐患排查、治理和防控的实施主体，应建立健全事故隐患排查治理和建档监控等措施，逐级建立并落实从主要负责人到每个从业人员的隐患排查治理和监控责任。

（七）安全教育培训管理规定

为加强和规范安全教育培训工作，提高从业人员安全素质，防范伤亡事故，减轻职业危害，电厂实行全员、全过程的安全教育培训管理，接受安全教育培训的从业人员包括本厂在职员工、临时工、外包工程施工人员、实习人员等。全厂各级人员必须接受安全教育培训，熟悉有关的安全生产规章制度和安全操作规程，具备必要的安全生产知识，掌握本岗位的安全操作技能，增强预防事故、控制职业危害和应急处理的能力。未经安全生产教育培训合格的从业人员，不得上岗作业。

1. 安全教育培训的类型

（1）专题安全教育培训：指各级生产负责人员、安全管理人员以及相关专业人员根据工作需要必须接受的专项内容安全教育培训。

（2）三级安全教育培训：指新入厂的工作人员（包括临时工、外包工程施工人员、实习人员等）必须接受的由厂、部门、室（值）分别进行的安全教育培训。

（3）特种作业安全教育培训：凡从事起重机械作业、金属焊接（气割）作业、厂内机动车辆驾驶、电梯维护保养、压力容器操作等工种的人员，按照国家有关规定必须参加的由专业机构进行的特殊工种安全技术培训。

（4）岗位调动、间断工作上岗安全教育培训：因改变生产岗位或工种而进行的部门、室（值）安全教育培训，或因间断工作三个月以上，在复工前进行的室（值）安全教育培训。

2. 安全教育培训的基本内容

1）专题安全教育培训

专题安全教育培训的基本内容为各级负责人员、安全管理人员以及相关专业人员从事生产活动应具备的安全生产知识。

2）三级安全教育培训

（1）厂安全教育培训的基本内容：国家有关的安全生产方针、政策、法规以及电力、水利行业的安全规程、规定，劳动保护的基本要求；本厂的安全生产情况、生产特点、设备分布情况、主要危险及要害部位；一般安全生产防护知识和电气、机械、消防安全常识；本厂的安全生产组织机构和主要安全规章制度；本厂在安全生产方面的经验和教训以及突发事件应急处理有关要求。

(2)部门安全教育培训的基本内容：本部门生产特点、安全组织机构、安全生产组织及活动情况，部门岗位劳动纪律和安全职责；本部门主要工作内容及作业中的专业安全要求及安全技术基础知识；针对本部门工作现场危险区域的安全生产注意事项、防范措施和劳动保护用品使用要求；符合本部门工作特点的消防安全知识；本部门常见事故及其防范措施。

(3)室(值)安全教育培训的基本内容：本室(值)生产情况、特点、范围、作业环境、设备状况、消防设施等，包括可能发生伤害事故的各种危险因素和危险部位；岗位职责、安全操作规程及有关安全注意事项；使用的电气、机械设备和工器具的性能，防护装置的作用和使用方法；班组安全活动内容及作业现场的安全规章制度；正确使用劳动保护用品的有关要求；符合本岗位工作特点的消防安全知识；常见事故及其防范措施。

3)特种作业安全教育培训

按国家有关规定，由专业机构针对不同特种作业人员进行专项的安全教育与培训，使其掌握特种作业的专门安全技术知识与技能，包括基本理论和操作实践两部分。

(八)“两票”、“两单”管理制度

“两票”(指工作票、操作票)、“两单”(指工作单和操作单)管理制度依据《电业安全工作规程》、《电力设备典型消防规程》规定了小浪底水力发电厂操作票，电气第一、二种工作票，机械工作票，动火工作票，水工的工作单和操作单的适用范围，办理、填写及管理流程，旨在规范小浪底水力发电厂工作票的管理，保证设备检修、消缺、维护工作的安全正确开展。

工作票是为了保证电力生产设备的检修工作顺利进行，保护和保障人身及设备的安全而使用的一种具有严格执行流程和规范、必须经过一定的审核和批准手续、针对检修中应做的安全措施的文件。工作票是检修维护人员到设备上开展工作前必须办理的作业票。工作票中必须注明工作负责人、工作班成员、工作内容、工作地点、安全措施、工作起止时间等内容。只有在工作票得到工作票签发人签发和工作许可人许可后，检修维护人员方可工作。若工作无法在规定时间内完成，到工作许可人处办理工作票延期手续后，方可继续工作。工作票分为第一种工作票、第二种工作票、机械工作票和动火工作票。

操作票是运行人员进行设备操作前必须办理的作业票，操作票中必须注明操作任务(包含具体的操作项目)、操作人、监护人、值长以及操作起止时间。操作中执行操作人与监护人必须按操作票顺序执行唱票复诵制度，操作一项，检查一项，并在操作票上作记录。在工作中严禁无票作业，事故处理及抢修时，要根据有关规定采取严格的技术措施保证安全。操作票管理制度还要遵照《河南电力调度规程》的一些规定要求，旨在规范小浪底水力发电厂操作票的管理，保证人身、电网和设备安全，防止发生误操作事故，使操作票的管理更加规范化、标准化。发电操作票根据电网值班调度员或本单位的值班负责人(值长)下达的操作计划或综合操作命令填写。调度下达操作任务和命令时，应使用调度术语和统一的双重编号(设备名称和编号),同时要录音。中控室要由当值值长或有操作监护权的值班员受令,认真进行复诵,并将接受的操作任务和命令记录在操作记录簿中。

水工工作单和操作单是为了保证水工所辖生产设备的检修工作顺利进行,保护和保障人身及设备的安全而使用的一种具有严格执行流程和规范、必须经过一定的审核和批准手续、针对检修中应做的安全措施的文件。水工工作单和操作单管理制度,旨在规范小浪底水力发电厂工作单和操作单的管理,保证水工设备检修、消缺、维护工作的安全正确开展。

(九)安全分析制度

安全分析是为保证电厂设备和人身安全,针对生产中易出现的问题和不安全因素进行的分析和总结。安全分析制度的主要内容有:了解分析生产部门安全生产指标完成情况、设备运行情况、规章制度执行情况、“两措”(指安全技术措施、反事故技术措施)计划落实情况,以及查找防火、生产、人身安全中存在的隐患;对发生的重大设备事故及人身伤亡事故,按照“四不放过”的原则认真分析,严肃处理;落实各部门提出的有利于安全生产、劳动保护的各项建议等。

(十)特种设备管理制度

特种设备是指涉及生命安全、危险性较大的电梯、起重机械、压力容器、压力管道、厂内机动车辆等设备。为加强对特种设备的安全管理,落实安全生产责任制,确保特种设备安全运行,依据《特种设备安全监察条例》要求,制定特种设备管理制度。

小浪底水力发电厂有高压、中压、低压压力容器共 14 台,其中发电维护分厂 12 台,水电供应部 2 台;电梯 8 台;在用门机、桥机等各式起重设备共 32 台,另有长期不用的检修桥机 6 台、吊箱 12 台,在 2004 年 4 月进行了报停,并在河南省技术监督局小浪底分局进行了备案。电厂 2001 年全部机组投入运行初期,特种设备除电梯正常开展年检外,压力容器、起重机械均未按特种设备管理规定办理登记、注册手续和开展定期检验工作。在多方努力下,2002 年 5 月,全厂压力容器经过济源市锅炉压力容器检验所检验并在济源市技术监督局登记注册,2003 年 7 月,全厂起重设备经过检验并登记注册,电梯也同期注册。

(十一)安全生产检查制度

为动员和依靠全体员工查找生产过程中及生产管理上的不安全因素及隐患,以便采取有效的预防措施,及时整改,把事故消灭在萌芽状态,确保正常的生产秩序和营造良好的安全生产环境,电厂制定了安全生产检查制度,规定了安全生产检查的目的、分类及内容、检查结果的处理。安全生产检查可分为经常性安全生产检查和定期的安全生产检查。

另外,小浪底水力发电厂的安全管理制度还有安全目标及“三级控制”保证制度、电力生产网络与信息安全管理规定、外包工程安全管理制度、反违章活动管理办法、安全活动管理制度、电动工具使用管理制度、安全监察通知书制度、防火安全管理制度、安全工器具管理制度等,基本覆盖了电厂生产的各方面,从管理、作业人员和环境、设备运行与检修、安全工器具使用及劳动保护的各环节进行详细严格的规范。完善、科学、严密及可操作性的安全管理制度是安全生产的基础,也是电厂进行安全管理的依据。

第三节　应急管理

突发事件具有发生突然、起因复杂、蔓延迅速、难以把握、危害严重、影响广泛等特点，发生的概率虽然较小，但一旦发生，造成的损失和影响都是难以估量的。电力行业作为国民经济发展的基础行业，有着技术密集、经济密集的特点，对人身和设备的安全有着更高的要求。关爱生命，安全发展已成为各行各业工作的主题，在任何环境中，若发生意外，均要求反应迅速，及时处理，将损失控制在最小，最大限度地保证人身设备的安全。加强电力应急管理工作，建立健全有效的电力安全应急机制，是维护国家安全、社会稳定和人民群众利益的重要保障，是保证电力系统安全稳定运行的重要条件。电厂安全应急管理，对提高预防和处置电力突发事件的能力，对正确、有效、快速地处置电力突发事件，最大限度地减小影响和损失，维护国家安全、社会稳定和人民生命财产安全具有十分重要的意义。

小浪底水力发电厂坚持“预防和应急并重，常态和非常态结合”的应急管理工作方针，初步建立了“统一指挥、分级负责、协调有序、反应快速、运转高效”的科学应急管理模式，逐步建立并完善了事故处理应急机制，初步形成了有系统、分层次、上下一致、分工明确、相互协调、信息畅通的事故应急体系。

一、健全应急组织体系建设

（一）明确应急管理工作目标

小浪底水力发电厂结合生产实际，建立健全应急管理组织体系，把应急管理纳入生产管理的各个环节，以形成上下贯通、多方联动、协调有序、运转高效的应急管理机制为目标，建立起训练有素、反应快速、装备齐全、保障有力的企业应急队伍；把突发事件预防作为应急管理工作的重点，加强危险源监控，实现突发事件预防与处置的有机结合，全面提高企业应对突发事件的能力。

（二）落实应急管理责任

小浪底水力发电厂按照区域管理、分工负责的原则，明确下属各单位的应急管理责任，各单位在电厂的统一领导下按照职责分工，相互协调配合，对自身的应急管理工作负责。电厂建立激励约束机制，对应急管理工作中表现突出的部门和个人给予表彰，对不履行职责导致事态扩大、造成严重后果的责任人按规定追究责任。

（三）建立健全应急管理组织体系和工作机制

1. 建立健全企业应急管理组织体系

明确各单位行政主要负责人为本单位应急工作的第一责任人，层层建立了完善的应急组织体系。一是建立了应急领导机构。电厂成立了应急管理工作领导小组，由厂长任组长，其他厂领导任副组长，各二级部门主要负责人为成员，统一领导、指挥应急管理工作。领导小组下设应急管理办公室，设在安全监察部，负责生产突发事件的日常应急管理工作。二是组建专业应急工作组。电厂建立了分专业的应急工作组，分别成立了水工、发电、供水供电等事故应急组，以及物资供应、技术保障等工作组，分别设在相应的职能部门，负责对应的突发事件应急管理及相应的处置工作。三是加强现场应急队伍建设。从生产分厂、班组选拔业务精、责任心强的骨干员工，组建了水工专业、金属结构专业、一次专业、二次专业、自动化专业、机械专业、远动专业、通信专业等现场抢修队伍，承担应急抢修等工作。初步形成主要领导全面负责、分管领导具体负责、有关部门分工负责、不同专业协调配合、相关人员全部参与的应急管理组织体系。

2. 完善应急联动机制

小浪底水力发电厂根据生产区域安全生产和应急工作的基本情况，加强与上级应急管理单位和协作应急处置单位的联系，组织建立电厂与安全保卫、武警公安、工程抢险、后勤服务等关联单位之间的应急联动机制，形成统一指挥、相互支持、密切配合、协同应对突发事件的合力，协调有序地开展电力应急管理工作。

二、完善应急预案体系建设

（一）编制完善应急预案

应急预案是企业应急管理工作的主线，小浪底水力发电厂针对本厂的风险隐患特点，以编制本厂事故灾难应急预案为重点，并根据实际需要编制了其他方面的应急预案。2005 年小浪底水力发电厂编制颁发了一系列应急预案，初步建立起一个比较完整的预案体系。2009 年下半年，认真组织补充、修订了部分应急预案，形成了覆盖安全生产主要突发事件的应急预案体系，包括综合应急预案、专项应急预案、现场应急处置方案三大类，涵盖大坝安全、大面积停电、黑启动、保厂用电、火灾、环境保护、人身伤害等不同类型，区分特别重大（Ⅰ级）、重大（Ⅱ级）、较大（Ⅲ级）、一般（Ⅳ级）四个级别。

为使预案内容简明、突出实效，有针对性和可操作性，保证预案质量，小浪底水力发电厂精选业务骨干组成预案编写小组和审核小组，明确预案编制要求，制订编制指南和预案范本，通过全厂危险识别、应急资源评估，制订应急策略，经过审核小组评审完善后正式发布。

小浪底水力发电厂应急预案突出“以防为主，防救结合”的特点，事故应急预案主要由事故预防和事故发生后损失的控制两个方面构成。事故预防在明确技术措施的同时，明确管理措施，通过危险辨识、事故后果分析，采用技术和管理手段降低事故发生的可能性且使可能发生的事故控制在局部，防止事故蔓延。

（二）规范应急预案管理

小浪底水力发电厂加强应急预案的评估管理、动态管理和备案管理，及时根据有关法律、法规、标准的变动情况，应急预案演练情况，以及本厂作业条件、设备状况、人员、技术、外部环境等变化的实际情况，及时评估和补充完善应急预案。正式发布的应急预案及时报上级应急管理部门和有关单位备案。

三、加强应急保障能力建设

小浪底水力发电厂结合实际，加大应急投入力度，加强应急队伍建设，改善技术装备，强化演练，提高应急处置、抢险和救援能力；加强应急管理培训工作，制订应急管理的培训计划，运用各种方法和手段，开展对各生产、运行等关键环节各级人员的应急培训工作，切实提高员工的应急处置能力和水平；结合电力安全及可靠性统计评价技术手段，加强评估和统计分析工作,保证应急工作的有效开展。

(一)加大应急投入力度

电厂应急能力建设是电力安全生产的保障。小浪底水力发电厂加大应急投入力度,着力解决制约本厂应急管理的关键问题,使人力、物力、财力等生产要素适应电力应急管理工作的要求,重点加强监测设备、防护用品、救援装备的投入力度,做到数量充足、品种齐全、质量可靠。同时加强应急管理的信息化建设,配备必要的设备,初步实现与有关部门突发事件应急信息的互联互通。

(二)加强应急队伍建设

小浪底水力发电厂加强兼职应急救援队伍建设,把提高应急处置、协调联动和安全防范能力等作为队伍建设的重要内容。切实抓好应急队伍的训练和管理,在安全生产关键责任岗位的职工,不仅要熟练掌握生产操作技术,更要掌握安全操作规范和安全生产事故的处置方法,充分发挥应急预案、应急演练的指导作用,增强自救互救和第一时间处置突发事件的能力。

(三)加强应急培训

以应急管理理论为基础,以应急管理相关法律法规和应急预案为核心,以实际需要为导向,小浪底水力发电厂分层次、分类别、多渠道、多形式地开展应急管理知识和专业技能培训工作。特别是加强各级安全生产管理人员应急指挥和处置能力的培训,将其纳入日常培训管理的内容。通过培训,使各级、各类人员熟练掌握应急管理基本要求、突发事件应急处置程序、事件报告流程、应急措施要点和安全注意事项等内容,提高应急队伍应急处置水平。

(四)加强应急通信手段

为保证突发事件应急处置过程中通信畅通,小浪底水力发电厂在各生产现场配置了生产电话,各办公场所配置了办公电话和局域办公网络,各应急指挥人员配备了无线集群应急专用电话,生产人员携带移动电话,指定地点设置海事卫星电话。电厂人员每人配发联系通信录,明确联系方式,通信维护部门定期检查维护通信设备,保持通信畅通。

(五)加强应急物资储备管理

应急物资储备管理是应急保障体系建设的重要组成部分,小浪底水力发电厂按照统筹协调、分类和分级管理、分散储备的原则,建立健全应急物资储备管理体系。根据应急物资不同类别和用途范围,设置厂一级库和生产分厂二级库,由电厂统一协调供应,进行分散储备。按照应急预案要求,确定应急物资领用权限,规范应急物资的使用管理。同时,切实加强物资采购监督管理工作,做好物资入库验收,保证物资数量、质量。建立健全仓库保管卡和材料卡制度,做到账、卡、物三相符,及时准确地反映仓库物资收、发、存数量动态。对物资的配套做全面检查,做好应急储备物资的保养维护、日常管理工作,确保应急物资完好可用。通过加强物资的计划、采购、储运及供应等方面工作,不断提高应急物资管理水平,为安全与应急工作提供有力保障。

四、积极开展应急演练

应急演练对检验预案、锻炼队伍、教育公众、提高能力发挥着重要作用。小浪底水力发电厂高度重视应急管理和应急救援队伍的自身建设,以建设一支政治坚定、作风过硬、业务精通、装备精良、纪律严明的安全生产应急救援队伍为目标,以教育培训和实战演练为手段,特别加强应急救援队伍思想作风建设,强化忧患意识、执行意识、服务意识、奉献意识教育,努力养成勤勉敬业、雷厉风行、尊重科学、敢打硬仗的作风,不断提高应急救援队伍实战能力。

小浪底水力发电厂从实际出发,有计划地组织开展多种形式的预案演练工作。每季度各生产分厂针对生产事故易发环节,以熟悉应急处置程序、掌握应急处置措施为重点,组织开展内部应急演练,提高应急人员的事故判断和应急处置能力;每年电厂以促进各二级单位的协调配合和职责落实为重点,至少组织开展一次全厂应急预案演练,锻炼应急组织体系各级机构应急机制反应能力,积累应急处置经验。通过加强对演练情况的总结分析,及时发现问题,不断改进应急管理工作。

五、研究开发实时预警防御系统

事故发生前,一般都会有一些征兆。如果能够及时发现这些可能导致事故发生的征兆,并采取适当的措施,则可能防止事故的发生,至少可为应急救援赢得准备时间。因此,建立事故预警机制,将事故的事前预测、控制纳入电厂日常管理中,对事故应急管理而言是十分重要的。

小浪底水力发电厂通过对危险源的辨识与评估,找出并分析潜在的危险因素及其可能导致的事故类型、性质、区域、分布和事故后果的严重程度,对潜在事故类型进行全面、系统的分析和评价。根据评价分析结果,通过采取不同的对策和措施,尽可能防止事故发生。同时,小浪底水力发电厂充分利用各重要部位的计算机监控系统,研究完善安全监测报警系统,对事故态势进行有效的动态监测,做出前瞻性分析和判断,建立起信息监测、信息处理分析及信息传递报告的安全事故预警机制,提高电厂应急管理的效率和科学性。

六、做好风险隐患排查监控

防范事故的有效办法,就是主动排查、综合治理各类隐患,把事故消灭在萌芽状态。为及早消除事故隐患,小浪底水力发电厂加强组织领导,充分认识进一步开展安全生产隐患排查治理的重要性、必要性和紧迫性,把隐患排查治理作为安全生产应急管理工作的重点,切实加强组织领导,周密安排,精心组织,狠抓落实,做到思想认识、组织领导、责任落实、检查督促和排查治理五到位;定期开展隐患排查工作,对危险源登记建档,进行定期检测、评估,实时监控,并告知生产人员在紧急情况下应当采取的应急措施;对查出的隐患制订切实可行的整改方案,及时治理整改,并采取可靠的安全保障措施,防止突发事件发生。同时,以安全生产隐患排查治理为契机,不断加强和规范安全生产的监督管理,加强隐患排查基础性工作,实行隐患登记、整改的全过程管理,逐步建立健全隐患排查治理分级管理、危险源分级监控制度和隐患排查治理长效机制,为预防和减少突发事件奠定坚实基础。

七、加强应急宣传教育

企业安全文化作为现代化企业生产力的重要保障，是企业文明和素质的重要标志。如果把安全比做企业发展的生命线，那么安全文化就是生命线中给养的血液。而安全应急管理工作作为安全管理工作的重要组成部分，其的认真落实，则是实现安全管理的重要保证。抓好安全文化建设，有助于推动电力企业应急管理工作的落实，有助于改进和加强企业的安全管理，有助于改变企业中人的精神和道德风貌，能够及时发现存在的问题和不足，提升企业应对突发事件的应变能力。

小浪底水力发电厂将安全应急管理工作与安全文化建设结合起来，利用企业文化建设的有利平台，广泛开展应急管理知识宣传教育，解决单位和部门间对应急管理工作重要性的认识不够、配合不够的问题，提高全员对安全应急管理工作重要性的认识，强化安全应急管理工作在本单位、本部门间的组织性、协调性和针对性，使应急管理工作实现常态化，做到未雨绸缪。进一步夯实安全生产管理的基础工作，多渠道、多层次、全方位构筑安全应急管理体系。

八、严格执行应急信息报告制度

突发事件信息报告是应急管理运行机制的重要环节，直接关系到突发事件的预测预警、应急处置、善后恢复等各项工作，直接体现和反映应急管理工作的能力和水平。及时、准确的信息报告，有利于掌握突发公共事件的动态和发展趋势，采取积极有效的措施，最大限度地减少事故和灾害的发生以及造成的损失。

对于突发事件，小浪底水力发电厂结合实际，按照突发事件信息报告工作的要求，建立分工负责的预警机制和预警信息通报制度，制定突发事件信息报告的工作程序，将责任落实到岗位、落实到人，明确信息报告的内容和方式、责任主体和时限要求，注重提高信息报告的质量，及时、准确地向有关单位报送突发事件信息，做到信息要素完整、重点突出，表述准确、文字精练。

应急预案规定在电厂所辖生产区域内发生突发事件时，报告程序如图5-1所示。

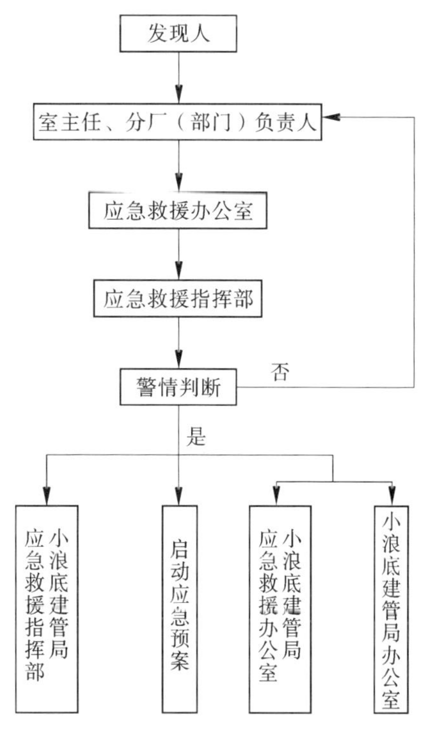

图5-1　突发事件报告程序框图

突发事件报告的内容包括：事件性质、影响范围、停电区域、严重程度、事态发展趋势、可能后果，突发事件中的设备损坏、人员伤亡情况，突发事件发生后的组织、技术措施和人员到位的实际状况。

第六章　运行管理

运行管理是为确保小浪底工程枢纽建筑物、泄洪金属结构设备和发供电设备的科学、合理、安全和高效运行，完成水库调度和发电任务所进行的管理工作，主要包括对小浪底水力发电厂所管辖的工程枢纽建筑物、泄洪金属结构设备和发供电设备进行调度、监控、巡回检查、设备操作、设备异常处理及应急管理等内容。

第一节　枢纽运行的组织机构

小浪底水力发电厂在成立之初根据《小浪底水力发电厂筹建规划》，就提出了人员精干高效，运行、维护一体化的组建原则。其主要职责是负责小浪底工程日常运行维护管理，充分发挥小浪底水力枢纽的综合效益。根据小浪底工程管理和改革发展的需要，小浪底水力发电厂的管理模式先后发生了三次变化。

一、小浪底水力发电厂成立初期的机构设置

小浪底水力发电厂 1996 年 8 月开始筹建，1999 年 1 月正式成立，并陆续接管枢纽设施和设备。成立初期的小浪底水力发电厂设置了办公室、财务部、物资部、生产技术部、安全监察部 5 个职能部门和发电分厂、水工分厂、调度中心、监测中心 4 个二级生产部门。其中办公室、财务部、物资部、生产技术部、安全监察部和水工分厂承担的职责同常规水电厂相比基本一致，只是在人员上进行了优化配置。考虑到小浪底工程水工建筑物的复杂性和安全监测的重要性，设置了监测中心，考虑到黄河水资源统一调度原则和以水定电的水库调度原则，设立了调度中心。小浪底工程的发供电设备的运行和维护，没有像常规电厂一样分设运行、维护两个生产部门，而是设置了发电分厂统一管理发供电设备的运行和维护。发电分厂下设运行室、一次室、二次室、自动室和机械室。其优点是：减少了运行与维护两部门之间的工作环节，运行中发现的问题可以及时有效、快捷地处理；可以实现运行、维护人员一专多能，一岗多责，提高技能；可以培养职工的协调能力与管理能力，增强团结与协作精神；提高了电厂的安全生产水平和经济效益。

二、小浪底工程投产后水力发电厂的机构设置

小浪底工程于 2001 年年底全部建成投入运行。在运行期间，小浪底建管局为适应改革发展的需要，进一步加强对生产及经营管理工作的组织协调力度，提高工作效率，于 2004 年对小浪底电厂内部机构进行了调整，继续保留了办公室、财务部、物资部、生产技术部、安全监察部、发电分厂、水工分厂的部门设置。为进一步加强与水库调度部门的联系和协调，加强小浪底工程防汛管理工作，将调度中心更名为枢纽调度中心，归小浪底建管局管理。为进一步促进小浪底建管局局属公司的发展，做大做强水电施工企业，将监测

中心并入局属公司管理,除继续承担小浪底工程的检测任务外,还承担局属公司对外拓展项目的检测任务。原小浪底工程建设时期承担施工和生活用水、用电的水电处,随着施工的结束,任务量逐步萎缩,鉴于还承担水力发电厂的外来厂用电和特殊时期机组、变压器的冷却用水供应任务,将水电处更名为水电供应部,并入水力发电厂管理。

三、小浪底水力发电厂"一厂两站"时的机构设置

2007 年小浪底水利枢纽的配套工程——西霞院反调节水库建成投运,小浪底水力发电厂按照"一厂两站"的管理模式,负责小浪底和西霞院两个电站的运行管理,运行管理工作更加复杂,任务更加繁重,责任更加重大。为适应工程运行实际需要,电厂对运行管理模式进行调整,将水工分厂和水电供应部的职责进行了延伸,将原发电分厂一分为二,成立了运行调度分厂和发电维护分厂。发电维护分厂下设机械室、自动室、电气一次室、电气二次室,负责两个电站发供电设备的维护;运行调度分厂下设 6 个运行值和调度室、远动室,负责两个电站发供电设备的运行、远动通信以及与水库调度、电力调度的工作业务联系协调。调整后的小浪底水力发电厂,共设有办公室、安全监察部、生产技术部、财务部、生产保障部、运行调度分厂、发电维护分厂、水工分厂、水电供应部 9 个部门,其组织结构见图 6-1。

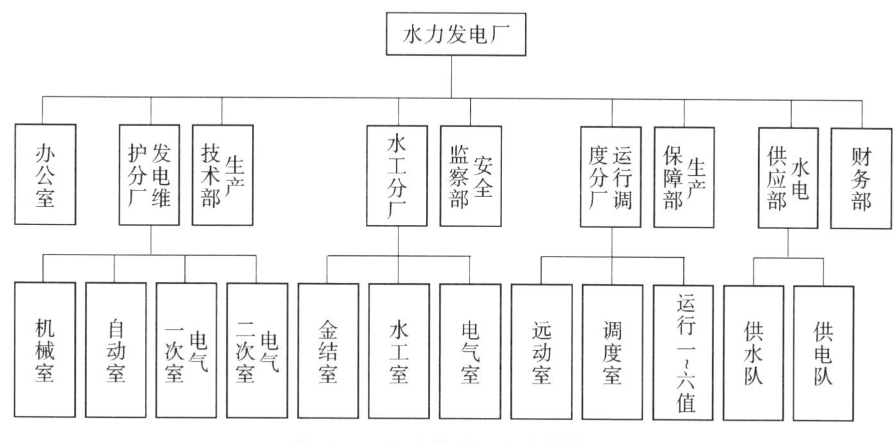

图 6-1　水力发电厂组织结构图

四、各部门职责分工和人员配置

(一)小浪底水力发电厂各部门主要职责

(1)发电维护分厂下设自动室、机械室、电气一次室、电气二次室。主要负责小浪底电站和西霞院电站的发供电设备维护工作。

(2)水工分厂下设水工室、金结室、电气室。水工室负责水工建筑物的日常巡检、维护;金结室负责水工闸门及金属结构设备、闸门的运行维护工作;电气室负责水工建筑物供电设备的运行维护工作。

(3)运行调度分厂负责小浪底电站和西霞院电站发供电设备的运行、远动通信以及

与水库调度、电力调度的工作业务联系协调,发供电设备的检修申请。

(4)水电供应部负责小浪底工程和西霞院工程的生产用水、用电保障,以及供水、供电设备的运行、维护工作。

(5)安全监察部负责全厂的安全生产和消防管理工作,检查安全生产规章制度和"两票三制"执行情况,定期组织安全分析例会,健全生产培训制度等。

(6)生产技术部负责生产和技术管理;负责制订生产计划,年度、季度和周发供电设备的检修计划,技术改造计划;负责生产统计、技术监督管理、设备缺陷管理及规程的编写和审核工作;负责日常各生产部门的协调工作。

(7)办公室负责文秘、党务、工会、共青团、接待、行政、用车、用船、人事劳资、档案资料、治安保卫、环境卫生等工作。

(8)财务部负责财务管理、会计核算、工资发放、资金核算、成本核算。

(9)生产保障部负责备品备件等生产物资供应,运行维护外委项目和小浪底建管局委托的年度计划项目管理工作。

(二)小浪底水力发电厂的人员配置

按照小浪底建管局批复的《小浪底水力发电厂筹建规划》,成立初期,核定水力发电厂职工定员为172人,实际未达到定员标准,发电分厂80人,水工分厂32人,调度中心8人,监测中心20人,生产技术部9人,安全监察部3人,物资部4人,财务部3人,办公室9人。实际执行中,根据运行管理实际需要,对核定人员进行进一步优化,截至1999年年底,水力发电厂实际职工人数109人,基本满足枢纽运行管理要求。

2007年随着西霞院工程的建成投运,水力发电厂的管理范围及操作和维护的设备都发生了很大的变化。水力发电厂在调整部门职能的同时,在保证安全生产的前提下,结合西霞院工程的设备运行特点,对人员的配置进行了进一步论证。西霞院工程在建设时,小浪底建管局就考虑到"一厂两站"的运行模式,通过西霞院—小浪底升压站的220 kV同塔架设的OPGW(光纤复合架空地线)复合光缆,将西霞院工程发供电设备计算机监控系统的操作员工作站、电量计费、远动以及通信信号,传输到小浪底工程水利枢纽电站控制中心,即在小浪底电站的控制室接受河南省电力调度指令,完成对"两站"发供电设备的控制。同时,利用小浪底建管局水电施工的优势,将小浪底工程和西霞院工程的水工建筑物和泄洪系统金属结构设备的维护任务外委,对运行调度分厂和发电维护分厂人员进行了充实,水力发电厂职工总人数达到了160人,人员设置基本体现了高效、多能的原则。

第二节　枢纽运行管理

多年来,小浪底建管局深入贯彻落实科学发展观和可持续发展治水思路,形成了以"管好民生工程,谋求多元发展"为方向的发展思路,注重枢纽安全运行和综合效益发挥,注重管理、改革、发展的统筹协调,注重人才培养和科技创新,持续推进精细化管理思路,在运行好管理好小浪底工程方面做出了显著的成绩。

一、水工设施及设备运行管理

(一)水工建筑物的巡视检查

小浪底水力发电厂依据水工建筑物实际运行情况,制定了水工建筑物巡视检查制度,规定了巡视检查的时间、部位、内容和要求,确定了日常的巡回检查路线和检查顺序。巡视检查分为日常巡视检查、年度巡视检查和特种巡视检查三类。

1. 日常巡视检查

日常巡视检查的区域有主坝、进水塔、地下厂房、主变室、尾闸室、泄洪洞、排沙洞、消力塘、交通洞、排水洞、灌浆洞、库区边坡等。日常巡视检查的内容主要包括主坝坝顶有无裂缝、异常变形,防浪墙有无开裂、倾斜;迎水坡有无滑动、塌坑、冲刷和冻融破坏;背水坡有无剥落、渗水,排水是否畅通;坝基、坝端、近坝两岸山体有无裂缝、滑动、渗水;地下厂房、主变室、进水塔有无渗水、变形,排水是否畅通;泄洪洞有无冲刷、裂缝、气蚀;排水洞排水是否畅通,排水量是否变化,水质是否混浊等。每次检查都要进行记录,对异常情况,要详细记录时间、部位、险情,并绘出草图,必要时进行测绘、摄影或录像。各种巡视检查记录均应进行整理归档。

2. 年度巡视检查

按照规定的检查项目,在每年汛前汛后、供水期前后、冰冻期和融冰期、白蚁活动期,进行年度巡视检查(包括水下部分),并进行一次评级。

汛前检查:每年3、4月进行,结合当年防汛准备工作,详细检查防洪设施,分析观测资料数据,审查日常巡查、运行维护记录,根据当年防洪要求,提出安全度汛报告。

汛后检查:每年11、12月进行,对各水工建筑物和设备进行全面或专项检查,分析结构形态和设备运行情况,进行建筑物安全状况评价,对存在的问题提出处理意见。

3. 特种巡视检查

特种巡视检查是指当发生暴雨、大洪水、有感地震以及库水位骤升骤降或持续高水位等情况,水工建筑物发生比较严重的破坏现象或出现其他危险迹象,并影响安全运行时进行的检查。应将检查结果上报上级有关部门。

小浪底水力发电厂根据巡视检查结果,制订水工建筑物检修维护方案,同时根据检修维护工作难易程度,确定自行或委托方式进行检修和维护。

(二)水工建筑物的监测

水文和泥沙条件特殊,地理位置重要,工程规模大,地形和工程地质条件复杂,洞室多,水库运用方式严格,这是小浪底工程的总体特点。正常开展枢纽安全监测,实时掌握枢纽运行工况,是保证小浪底工程安全稳定运行的重要保障。小浪底工程安全监测部位主要包括枢纽建筑物和近坝库岸,主要监测内容有内部变形监测、外部变形监测、渗漏水量观测、水文泥沙监测、水库诱(触)发地震监测等。

(1)枢纽内部变形监测。枢纽内部变形监测要求按照规定周期对设置在枢纽各部位的视准线、引张线、正倒垂线、锚索测力计、多点位移计、测斜仪、渗压计、压力盒、钢筋计等仪器定期进行观测,及时采集、分析、整编观测资料,并做出安全评价。对锚索测力计、多点位移计、测斜仪、渗压计、压力盒、钢筋计等仪器的观测采用“枢纽内部变形观测分析系统”自动进行,实现观测、储存、分析全程自动化。

(2)枢纽外部变形监测。枢纽外部变形监测要求按照规定周期对设置在水工建筑物表面的位移测点、水准测点进行观测,及时采集、分析、整编水工建筑物沉降、位移等观测资料,并做出安全评价。

(3)枢纽渗漏水量观测。枢纽渗漏水量观测要求按照规定的监测周期对枢纽各排水洞排水量、渗漏水颜色及矿物质成分、含量进行观测,及时采集、分析、整编渗漏水资料,并做出安全评价。

(4)水库水文泥沙监测。水库水文泥沙监测内容包括:汛期每周 3 次进水塔前泥沙淤积高程监测,每周 1 次塔前漏斗区泥沙淤积断面观测,每年最少 1 次库区泥沙淤积断面观测,掌握水库淤积量、淤积形态、淤积层特性资料,及时整理、绘制水下地形图及纵横剖面图,修正水位库容曲线,指导水库调度运用。

水力发电厂根据监测结果及时对监测资料进行整编分析,得出枢纽运行状况是否正常的结论,提出枢纽维护的建议和意见。

(三)水工作业“两单”管理

1. 小浪底工程水工作业的特点

(1)小浪底枢纽洞群多,闸门多,结构复杂,工作区域大。其主要泄洪系统由 3 条孔板消能洞、3 条排沙洞、3 条明流洞和 1 条正常溢洪道构成,另外还有 6 条发电洞和 1 条灌溉洞,各洞进口分层布置在进水塔内。

小浪底工程建筑物泄洪洞、排沙洞、发电洞、防淤闸、厂房及溢洪道等各类金属结构计有闸门 69 扇,其中平面闸门 47 扇、弧形闸门 21 扇、浮箱式闸门 1 扇;拦污栅 26 扇;清污机 1 台;各种起重机械 79 台(套)。因此,涉及操作任务多,维护工作量大。

(2)人员构成特殊。因其工作性质不同,水工作业人员构成与发电作业有很大不同。小浪底工程水工作业人员构成特点主要有以下几个方面:

◇ 泄洪系统设备调度权属于水调部门,泄洪设备检修维护须经水调部门许可;

◇ 正常情况下无 24 小时运行人员,不具备类似《电业安全工作规程》要求的值长和工作许可人的基本条件,也不具备工作许可人做安全措施的条件;

◇ 现场安全措施必须由工作班人员自己做和自己恢复,不具备规程要求的层层审核程序;

◇ 大型工作如缺陷修补、设备防腐等面向社会,外来施工人员多,要求外来人员具备各种条件比较困难。

(3)作业内容复杂,风险大。水工作业内容主要包括枢纽建筑物的巡检、维护、防渗以及缺陷处理,水工金属结构的防腐、保养,闸门操作、枢纽安全监测等。既有水工作业、机械作业,又有电气作业,在汛期、调水调沙期间操作频繁。另外,泄洪洞群运用之间还存在相互影响,如明流洞、排沙洞运用时对孔板消能洞施工有影响,排沙洞检修施工落检修门时对相应发电洞运用有影响,水工机组事故闸门维护时对发电有影响,水工机械设备维护时对防汛有影响等。水工作业高空作业多,现场环境恶劣,这都是影响安全的重要因素。

以上因素构成小浪底工程水工作业不能照搬电力系统工作票、操作票管理制度的重要原因。

2."两单"管理程序

在小浪底水力发电厂水工作业实际过程中,经过充分考虑以上特点,借鉴《电业安全工作规程》对工作票、操作票的具体要求,不断地修改和完善,逐渐摸索出一套管理办法,即工作单、操作单管理办法。这种办法既与"两票"管理制度相似,又不同于"两票"管理制度。具体如下:

(1)水工作业应用水工工作单,电气作业应用第一种工作单和第二种工作单,闸门设备操作应用操作单。

(2)工作单格式在工作票的基础上做相应修改,涉及工作单负责人、工作单签发人、工作批准人、调度批准人、安全措施负责人、安全措施恢复人、监理,并规定不同人员的安全职责和权限。

(3)操作单沿用操作票格式,其操作人、监护人、批准人由班组具备一定技术水平和经验,并经批准的人员担任。

(4)电气第一种工作单与第二种工作单与《电业安全工作规程》的第一种工作票和第二种工作票的模式基本相同,做了部分简化。操作单的工作流程与操作票的流程相同,在水工作业期间,执行监护制度。

3."两单"制度的特点

"两单"制度的主要特点如下:

(1)贯彻了《电业安全工作规程》"两票"管理的基本思想,结合实际情况对各级人员职责划分、工作单的格式进行了适当的改进,满足了工作需要。

(2)工作单负责人、工作批准人、安全措施负责人、安全措施恢复人、操作单批准人均由检修班组人员担任,通过制度规定其安全职责,使各个环节得到安全保障。

(3)对涉及泄洪系统设备的工作,工作单中加入水调批准人审核程序。

(4)对《电业安全工作规程》中的工作票格式进行了较大的改动,取消和增加了部分内容。

(5)取消了《电业安全工作规程》中工作票的工作许可人、值长,代之以工作批准人,以区别于《电业安全工作规程》中对许可人和值长的职责要求。

(四)闸门及金属结构设备运行

小浪底水力发电厂制定了金属结构设备运行维护管理制度,对工作人员的职责和权限、日常巡检、运行操作和设备维护作了具体的规定。

1.设备巡检

设备巡检内容包括以下设备的所有电气、液压、机械部分:明流洞检修门、事故门、工作门,孔板洞检修门、事故门、工作门,排沙洞检修门、事故门、工作门,灌溉洞检修门、事故门、工作门,发电洞快速门、尾水检修门、出口防淤闸等。巡检人员按照规定的巡检周期、检查项目和巡检路线进行巡回检查,并作好记录,班组长应根据设备运行状况及缺陷情况进行重点检查。

(1)金属结构闸门设备处于非汛期不过流状态时,每周二巡检全部设备一次;

(2)金属结构闸门设备处于非汛期过流期间,24 小时值班,每个班组巡检一次过流设备；

(3)金属结构闸门设备处于汛期过流或调水调沙期间，24小时值班，每两小时巡检一次过流设备，每个班组巡检一次非过流设备；

(4)充水平压系统每天巡检一次；

(5)进水塔及尾水门机每周巡检一次。

2. 设备运行操作

设备运行必须有调度指令或工作单、操作单，同时必须确认需要操作的设备与其他作业不交叉，不会影响其他人员、设备、环境的安全。

闸门操作人员和监护人员经过培训考试合格后，方可进行相关操作和监护。对于闸门现地操作，必须至少两人进行，其中一人操作一人监护，远方可安排一人监护。对于闸门远方操作，现地至少有两人监护，如遇异常，其中一人操作一人监护。

严格按照调度指令和工作单、操作单顺序进行相关操作，不可以漏项、缺项、遗项、越项操作。对于特种设备(如门机、桥机等)的运行操作，必须由有相关行业操作资质的人员进行操作，不具备资质人员禁止操作。特种设备操作前必须进行检查测试，之后方可进行相应作业。

3. 设备维护

按照金属结构设备的检修维护周期对金属结构设备进行定期检修维护，内容包括小修、大修、日常维护保养。检修维护设备必须按照水工运行维护检修规程要求，结合厂家提供的相关资料进行。

设备检修维护结合小浪底工程防汛进行，设备大修、小修尽量安排在非汛期进行，日常维护可以根据设备实际情况随时进行。对于特种设备(如门机和桥机)的维护，按照特种设备规范要求，每个月进行一次全面检查测试，每年进行一次维护保养，每年进行一次安全检验。

执行设备定期试验制度，规定了水工闸门等金属结构及电气设备停用限制时间。设备达到停用限制时间，则必须按规定进行试验和运行检查，发现设备故障及时进行处理。

每年汛前(调水调沙前)对所有金属结构及电气设备进行维护、试验和运行检查，对液压油进行化验，发现问题及时处理，确保设备处于正常运用状态。

二、发电系统运行管理

(一)“两票三制”

1. 发电系统作业工作票、操作票管理

电力行业工作票、操作票管理制度是保证安全生产的重要组织措施，通过“两票”管理规范工作流程和工作程序，规范人员的作业行为，以达到完善安全措施，确保设备安全和人身安全的目的。小浪底水力发电厂严格执行《电业安全工作规程》的有关规定，根据本厂实际情况制定了详细的发电系统作业工作票、操作票管理制度。运行工作中严格按照《电业安全工作规程》要求执行运行许可和操作监护。每月对已执行的“两票”进行整理和分析，按照“两票”标准对合格率进行统计和考核。

工作票是为了保证电力生产设备的检修工作顺利进行，保护和保障人身及设备的安全面使用的一种具有严格执行流程和规范、必须经过一定的审核和批准手续、针对检修中应做的安全措施的文件。水力发电厂对抢修作业票、第一种工作票、第二种工作票、机械票、动火票的适用范围,相关人员的权限,工作票的填写、计划时间、工作许可、工作签发、间断转移终结等工作程序进行了详细、具体的规定。工作票的执行应严格遵守“四不准”的原则,即“不合格的工作票不准工作、带电部位不清不准工作、无监护人不准工作、安全措施不完备不准工作”。

操作票是运行人员进行设备操作前保证设备及人身安全的一种重要文件。操作票按操作内容分为电气倒闸操作票和机械操作票两类。水力发电厂对操作票的填写、规范术语、现场执行、考核与管理程序作了详细具体的规定和细化,填写、执行操作票要求做到“三考虑,五对照”(三考虑:考虑系统改变后是否安全、经济、可靠;考虑一次系统改变后对二次保护及自动装置的影响;考虑操作中可能出现的问题。五对照:对照现场实际;对照系统;对照规程;对照图纸;对照参考操作顺序)。操作中严格执行操作监护制,每执行一项操作应严格执行“四对照”,即“对照设备名称、编号、位置和拉合方向”。

2. 交接班制度

小浪底水力发电厂制定了运行交接班制,规定了交接班的工作程序和要求,运行值班人员按值班表轮流值班。如遇重大操作或事故处理,在操作或事故处理结束后方可进行交接班。交班前交班值应按照要求将台账、图纸、工具、个人物品放到规定位置,打扫工作场所卫生,召开班后会。接班值应提前到中控室,按交接班登记表所列项目进行交接,接班后由值长开班前会,安排本值工作。

3. 发电设备巡回检查制度

小浪底水力发电厂制定了发电设备巡回检查制度,对设备巡检项目、巡检周期和巡检路线进行规定。运行、维护人员应根据要求定期对设备进行巡回检查,并填写巡检记录,发现异常及时处理,特殊情况下可增加巡检次数。运行巡检必须按照巡检路线和巡检要求进行。

4. 发电设备定期试验与轮换制度

小浪底水力发电厂制定了发电设备定期试验与轮换制度,规定了定期工作的项目和周期。将所有定期工作按照周期不同归纳汇总,均匀分配到每天进行,定期工作结束后将结果录入到生产管理系统中。

(二)运行分析

运行分析的重点内容是:

(1)设备的主要运行参数和运行方式的安全性、可靠性、经济性、合理性;

(2)运行生产的技术经济指标;

(3)重大和频发性的设备缺陷;

(4)运行生产中的异常情况及技术监控情况;

(5)“两票三制”、值班纪律的执行情况及文明生产情况;

(6)运行操作、调整及运行规程执行情况;

(7)设备检修质量、试验状况及设备的健康水平;

(8)继电保护及自动装置的动作情况,仪表的指示情况。

此外，运行分析还包括机组大修前后运行工况的对比分析，设备改进前后的效果分析，采取节能措施后的分析，影响机组安全、经济运行的缺陷分析，重大运行技术问题的分析，设备事故及异常运行等不安全情况的分析，各项经济指标完成情况的分析，发供电系统存在或出现不安全情况的分析等。运行分析采取定期和不定期相结合的方式进行。运行分析分岗位分析、专业分析和全厂综合分析，分别针对不同层次的问题组织开展。

小浪底水力发电厂建立了运行分析制度，通过对机组和设备运行数据的整理，进行趋势、状态等分析，及时发现和找出运行生产方面存在的问题及薄弱环节，有针对性地提出改进运行工作的措施和对策，不断提高安全经济运行水平。运行分析制度开展以来对促进运行管理水平的提高发挥了积极的作用。

（三）事故预想和反事故演习

为提高运行人员对事故的应急处理能力，使运行人员掌握迅速处理事故和异常现象的正确方法，小浪底水力发电厂建立了事故预想管理制度。事故预想以值为单位进行，在值长的组织下开展。事故预想每月组织一次。运行人员根据季节特点和现场设备的实际情况开展事故预想，预想可能性的事故，考虑好预防和处理对策。事故预想应有现象、处理对策、审阅意见及评语，并记录在专用记录本上。事故预想的内容主要包括：发生事故的教训和异常现象；设备上存在的缺陷及薄弱环节；新设备投入前后可能发生的事故，以及影响设备安全运行的季节性事故；特殊运行方式及操作技术上的薄弱环节；设备系统的重大复杂操作。

为提高运行人员对事故的应急处理能力，每个运行值每季度组织一次反事故演习，要求每季度第一个月的月底前报送演习方案，每季度第三个月的月底前报送演习总结。反事故演习采用背靠背方式组织，由一个值出演习题目和拟订演习方案，并在演习过程中充当演习评判，由另一值进行演习操作。演习结束后双方进行讨论总结，对演习过程进行分析，总结经验得失。

（四）生产场所管理

生产场所管理制度包括设备现场管理制度和生产区域管理制度。生产区域管理制度主要包括中控室管理制度、计算机机房管理制度、办票室管理制度、交接班室管理制度、通信机房管理制度、仪表室管理制度等。

（五）运行值月考核制度

小浪底水力发电厂执行运行值月考核制度。考核成绩作为各运行值月考核奖金分配的重要依据，同时用于年度先进班组和先进工作者评选。全年月考核成绩累计 4 次及以上排名第一，且累计排名倒数第一次数少于 4 次的值，直接推荐为厂先进班组，该值值长直接推荐为先进工作者；全年月考核成绩累计 4 次及以上排名倒数第一的值，取消评选先进班组资格，该值值长取消评选先进工作者资格。具体考核内容有安全管理考核、生产管理考核、文明生产考核、劳动纪律考核、学习培训考核、合理化建议和宣传考核等，小浪底水力发电厂制定了详细的考核内容及赋分标准，采用计分的方式评价各值工作情况并进行量化。

三、生产运行管理人员的培训

对生产运行管理人员进行专业培训,提高其综合素质和业务能力,对电厂的安全生产和枢纽的稳定运行有着重要的意义。为规范生产运行管理人员培训工作,小浪底水力发电厂制定了培训工作实施细则,要求如下。

(一)培训管理

(1)成立培训工作小组,负责制定培训目标,检查、督促培训计划的完成。运行以值为单位开展日常培训工作,检修以室为单位开展培训工作。

(2)各班组结合实际工作岗位制订培训计划(含培训内容、安排及目标),每月 28 日以前向培训工作小组上报下月培训计划。

(3)所有培训工作必须有书面记录,为每位职工建立完整的技术培训档案。

(二)培训内容及方式

1. 安全培训

(1)厂内下发的有关安全生产的各项规程、制度及管理规定;

(2)厂内下发的安监文件和事故通报;

(3)对工作中存在的违章行为的分析,制定出相应的整改措施;

(4)事故应急预案;

(5)现场工作中的危险点分析和防控措施。

2. 运行业务培训

(1)运行规程及调度规程等有关规程制度学习;

(2)专业基础知识学习;

(3)设备图纸、资料学习;

(4)现场操作等基本技能培训;

(5)定期进行专题讨论;

(6)对现场发生的异常情况及事故的分析和总结;

(7)事故预想及缺陷分析总结;

(8)现场设备运行情况及技改、异动情况分析;

(9)运行工器具的使用和操作培训;

(10)反事故演习;

(11)组织专题技术讲座。

3. 维护业务培训

(1)检修规程等有关规程制度学习;

(2)专业基础知识学习;

(3)设备图纸、资料学习;

(4)现场检修基本技能培训;

(5)定期进行专题讨论;

(6)对现场发生的异常情况及事故的分析和总结;

(7)事故预想及缺陷分析总结;

(8)现场设备运行情况及技改、异动情况分析;

(9)检修工器具及试验设备的使用和操作培训;

(10)反事故演习;

(11)组织专题技术讲座。

(三)培训工作的实施

1. 运行值人员的培训

(1)每值每轮班必须组织一次安全学习活动。

(2)每值每轮班必须组织一次集中学习,时间安排在每轮班第一天上午。

(3)认真完成生产知识考问讲解,每人每月不少于5题。

(4)每值每月进行一次事故预想,要求内容丰富,符合生产实际。

(5)每月完成一次月运行分析报告。

(6)每值每季度进行一次反事故演习,由值长负责组织,演习内容事先报分厂审批,演习后应进行书面总结及评价。

(7)参加电厂组织的其他培训。

2. 维护各班组人员的培训

(1)每半年组织一次反事故演习。

(2)每月举行一次技术讲座。

(3)每周组织一次安全学习活动。

(4)每两周组织一次全室集中业务学习,熟悉设备图纸和资料。

(5)认真完成生产知识考问讲解,每人每月不少于3题。

(6)每月进行一次事故预想。

(7)参加电厂组织的其他培训。

(四)考试和考核

(1)一般业务考试工作,由各班组组织,采用笔试、面试或现场操作等方式。内容为每月制定的培训内容以及现场出现过的实际问题。业务考试每季度不少于一次。重要考试由培训工作小组负责组织。

(2)培训工作小组对培训工作进行不定期的抽查,对分厂的培训工作进行考核。分厂对下属各班组的培训工作进行考核。

(3)在人员使用上,培训工作小组可根据培训和考试情况提出建议。

四、运行人员动态考核

为确保安全生产,提高运行人员的业务能力和管理水平,在运行岗位中建立竞争激励机制,做到岗位能上能下,待遇能高能低,小浪底水力发电厂对发电系统运行岗位实行动态管理,对运行值班人员定期进行全面、科学、合理的考核,并根据考核结果,对其岗位及待遇进行调整。运行岗位动态考核管理经过反复的修订完善,目前已成为提高运行人员综合素质的重要手段。其主要管理方法为:

(1)参与动态考核的运行岗位分别为见习值班员、值班员、主值班员、副值长、值长等5个。电厂制定“运行岗位考核实施细则”,对考核程序、考核内容和赋分标准进行规定。

成立专项考核组,全面负责运行值班人员的岗位动态考核管理工作。

(2)见习值班员考核:新进厂的运行值班人员,在见习期内统一定岗为见习值班员。见习期满后,考核组对其工作能力和业务知识进行考核,均合格者后定岗为值班员。

(3)主值班员考核:主值班员的考核每年进行一次。见习期满考核通过的见习值班员、在岗值班员均有资格参加主值班员选拔考核,所有在岗主值班员必须重新参加选拔考核。首先进行业务能力考试,考试成绩合格者,方有资格参加下一步的考核。考核组对被考核人在考核期内工作能力、工作业绩和工作态度三个方面的表现分别进行打分,累加计算出考核总分。最后根据总分排名和核定的主值班员人数,确定选拔考核通过人员。选拔考核通过者,定岗为主值班员;选拔考核未通过者,定岗为值班员。

(4)副值长的考核:考核组每年对所有在岗副值长进行一次岗位考核,考核时间与主值班员的选拔考核时间一致。首先进行业务能力考试,考试成绩合格者,参加下一步的考核。考核组对被考核人在考核期内工作能力、工作业绩和工作态度三个方面的表现分别进行打分,累加计算出考核总分。考核合格者,保留副值长岗位;考核不合格者,降岗为主值班员。在连续在岗两年及以上的主值班员中,选择在本年度主值班员选拔考核中总成绩最优者,聘用为副值长。

(5)值长的考核:考核组每年对在岗值长进行一次岗位考核,考核时间与副值长的岗位考核时间一致。考核方式与副值长考核类似。在岗值长连续两年岗位考核不合格者,降岗为副值长。由电厂在连续在岗一年及以上的副值长中,选择在本年度副值长岗位考核中总成绩最优者,作为值长人选报小浪底建管局批准。

(6)考核组根据对各运行岗位值班人员的考核结果,提出岗位调整意见,报小浪底建管局批准同意。在运行岗位上工作的职工,其待遇与岗位直接挂钩,按局、厂相关规定执行。

五、优化措施提高发电量

小浪底水力发电厂在发电调度中严格遵循"以水定电"原则,积极协调水库调度、电力调度关系,充分利用水能资源,在保证枢纽工程公益性、社会性效益的正常发挥条件下,采取各项措施,争取实现发电效益的最大化。

(一)科学控制机组运用水头

通过加强与水库调度部门的沟通协调,在保证黄河下游用水需求的前提下,合理控制下泄流量,尽量抬高小浪底、西霞院库水位,提高发电机组的有效水头,提高发电效益。

(二)强化洪水资源化管理

根据中短期水文、气象预报,科学调度洪水,在大洪水来临前加大机组出力,以发电预泄方式腾出库容拦蓄洪水,尽量不弃水或少弃水;拦蓄大洪水洪尾及中小洪水,伺机蓄水抬高库水位,提高洪水资源化利用率,增加发电效益。

(三)保证机组在高出力、高效率区运行

积极与电力调度部门沟通协调,在保证机组安全稳定运行的前提下,尽量维持机组高出力运行,尽量使机组运行在高效率区,减少机组空载运行频次和时间,保证发电机组的经济运行和稳定运行,提高发电效益。

(四)利用调水调沙优化发电计划

在调水调沙期间,在满足水调指令的前提下,合理安排闸门泄洪和发电引水计划,精确控制下泄流量,使下泄水资源尽量多地转换成发电量,减少弃水。

(1)调水调沙开始前,在保证调水调沙水量的情况下,通过在机组过流能力内进行预泄,使多余水量完全转化为电能,充分发挥水资源的发电效益。

(2)调水调沙期间,在保证调水调沙效果的前提下,控制下泄流量指标和下泄时间,提高水能利用率,增加发电效益。

(3)加强与电力调度部门的沟通协调,在调水调沙大流量下泄期间,在保证机组安全稳定运行的前提下,最大限度地发挥机组发电潜力,尽可能少弃水。

(五)优化机组组合方式

尽量不同时开启共用尾水洞的两台机组,以降低发电尾水位,提高机组有效水头。在全厂负荷一定的情况下尽量减少开机台数。在满足水量调度的前提下,充分利用流量指标,精细制订发电计划,提高日发电量水平。

(六)保证设备运行稳定可靠

小浪底水力发电厂在日常工作中建立了一系列设备检查、维护、消缺、分析、总结制度,开展了技术监督和可靠性管理,开展了设备小修、大修、技术更新改造等工作,不断提高设备健康水平和可靠运行水平。如通过开展发电机推力油槽改造、技术供水系统 PLC 改造、发变组保护改造、计算机监控系统改造等技术改造,提高了发供电设备的运行可靠性。对机组跳闸信号、报警信号、开停机流程进行优化,缩短开机、并网及负荷调整时间,提高开停机成功率。

第三节　生产调度管理

小浪底工程处在黄河中游最后一道峡谷的出口,控制流域面积的 92.3%,是黄河水资源统一调度管理的关键性控制工程。小浪底水库运用的原则是在满足防洪、防凌和减淤要求的前提下尽可能发挥供水、灌溉和发电的综合效益。为进一步发挥小浪底枢纽的综合效益,运行时做到有章可循,2004 年水利部批准了《小浪底水利枢纽拦沙初期运用调度规程》。调度规程明确了小浪底水库拦沙初期水工建筑物安全运用、金属结构设备安全运行条件以及防洪调度、调水调沙调度、防凌调度、供水灌溉调度、发电调度等方面的调度原则。同时规定小浪底水库的调度单位为黄河水利委员会和黄河防汛总指挥部,电力调度单位为河南省电力公司。水库调度单位负责制定枢纽下泄流量及含沙量指标等,并及时下达调度指令;电力调度单位按"以水定电"原则制订发电计划。

一、小浪底工程主要调度任务

小浪底工程主要的调度任务是在保证枢纽安全运行的前提下,严格执行水库调度指令,充分发挥枢纽的综合效益。

(一)防洪调度

具体内容参见本书第十章第一节。

(二)调水调沙调度

具体内容参见本书第十章第一节。

(三)防凌调度

具体内容参见本书第十章第一节。

(四)供水灌溉调度

供水灌溉调度的原则是:供水灌溉服从黄河水量统一调度,在考虑黄河下游减淤要求的前提下,合理分配黄河下游生活、生产和生态环境用水;在尽可能保证黄河不断流的前提下,按"以供定需"的要求,尽量满足下游供水和灌溉配额,提高供水保证率。

(五)发电调度

1. 小浪底水电站在河南电网中的作用

小浪底工程的建设有力推动和加快了河南电网的建设,促进了河南省豫西电网500 kV网架的形成,改善了河南电网的电源结构。河南省电源结构以火电为主,水电为辅。截至2010年年底,全省总装机容量达50 570 MW,水电装机容量仅占全省总装机容量的7.5%。小浪底水电站总装机1 940 MW(小浪底电厂1 800 MW与西霞院电站140 MW之和),是河南电网中最大的水电厂,它的投入运用,丰富了电网的调整手段,提高了河南电网供电质量。在以火电占绝对比重的河南电网中,小浪底水电站在调峰、调频、事故备用方面承担着重要角色。

截至2011年,小浪底水力发电厂共有7回220 kV出线,其中4回接入豫西500 kV枢纽变电站——牡丹变电站,经过牡丹变电站升压接入河南电网500 kV骨干网;1回接入洛阳吉利变电站;1回接入济源荆华变电站;1回接入济源变电站。小浪底水力发电厂是豫西地区重要的电源点。小浪底机组具有调节性能优异,启停速度快以及具备完善的AGC(自动发电控制)功能等特点,在削峰填谷、保证电网安全运行和供电质量方面成效突出。日常调度运行中,小浪底水电站通过跟踪河南电网和华中电网联络线潮流变化,实时对机组出力进行调整,维持着河南电网与华中电网联络线的稳定运行。河南电网与华中电网联网运行时,小浪底水力发电厂担任调峰作用;当河南电网独立运行时,小浪底水力发电厂作为系统主调频电厂,维持电网频率稳定。

2. "以水定电"调度原则的工作流程

小浪底水库调度"以水定电"的工作流程是:黄河防汛抗旱总指挥部(每年的7月1日至次年的2月底,负责小浪底水利枢纽的水量调度)和黄河水利委员会水调局(每年的3月1日至6月30日,负责小浪底水利枢纽的水量调度)根据黄河下游地区的防洪(凌)和供水需要,制定小浪底水库的下泄流量及含沙量指标,形成调度指令,下达到小浪底建管局;小浪底建管局调度中心据此编制水调指令下发到水力发电厂;小浪底水力发电厂将水调指令按照当前发电机组的运行水头折算成发电量计划,报河南省电力公司调通中心;河南省电力公司根据所申请的电量计划安排小浪底水力发电厂的发电机组运行方式,电厂运行值班人员关注并协调日发电计划的执行情况。

二、小浪底工程生产调度的管理

小浪底水力发电厂是水库调度和电力调度的执行单位,调度管理的指导思想是始终坚持安全第一，坚持公益性效益优先，严格执行调度指令，充分发挥小浪底水利枢纽的综合效益。

（一）加强协调沟通，构建和谐的调度关系

在确保小浪底水利枢纽和电网安全运行的前提下，加强同上级调度部门的协调和沟通，努力发挥枢纽的综合效益，实现与多方的共赢，和谐发展。在实时调度中，根据《小浪底水利枢纽拦沙初期运用调度规程》和《河南电力调度规程》等的要求做好以下工作：

（1）严格执行调度指令，按照各部门管辖的设备和职责分工，做好泄洪金属结构设备和发供电设备的操作、调整和异常处理工作，确保小浪底水利枢纽设施、设备的安全稳定运行。

（2）根据电力调度下达的月度 220 kV 母线电压曲线，结合所申报的电量计划，合理安排开机方式，满足水量调度指令下限要求。

（3）在电网运行方式发生变化，不满足水量调度指令下限或超过指令上限时，水力发电厂运行值班人员应及时向水量调度和电力调度部门通报情况，协调水量调度部门予以协助解决。

（4）严格执行电力调度部门下达的自动装置和继电保护定值通知单，按要求进行整定和校验，确保电网的安全稳定。

（二）实行小浪底和西霞院两库联合调度

小浪底水利枢纽的配套工程——西霞院反调节水库建成投运后，利用西霞院水库反调节的调节库容，对小浪底水库因电网调峰下泄的不稳定流进行反调节，使下游河道的流量基本平稳。非汛期在满足水量调度指令的前提下，充分利用西霞院水库的调节库容，按照“以水定电”的原则，统一安排小浪底电站和西霞院电站的发电计划、运行方式和检修方式。在实时调度过程中，通过水电互动，在满足电网调频、调峰和事故备用的运行条件下，尽可能提高西霞院水库的水位，进一步提高水能利用率。

（三）合理编制设施、设备检修计划

制订设施、设备检修计划是生产调度管理的重要内容之一。小浪底水力发电厂在运行实践中，结合小浪底防洪、防凌、减淤和供水灌溉不同时期的水量下泄指标，有针对性地编制设施、设备检修计划，使设施、设备检修安排更加科学合理。

1. 水工建筑物设施、设备检修计划的制订

按照小浪底水力发电厂制定的《水工建筑物维护监测规程》、《金属结构设备维护检修规程》，每年汛期后，要对调水调沙和防洪运用期间过流的孔、洞及工作闸门、金属埋件进行检查。检查前，水力发电厂要编制泄洪孔洞检查计划，确定所需工期，报小浪底建管局枢纽调度中心。依据检查计划与检查结果对泄洪孔洞制订检修计划和工期安排。所有水工建筑物和金属结构设备的检修工作需在每年 6 月前完成，以满足调水调沙、防洪大流量下泄的要求。

2. 发供电设备检修计划的编制

按照《发电企业设备检修导则》、《电力设备预防性试验规程》和设备运行过程中发生的需在检修时消除的缺陷，小浪底水力发电厂每年 10 月编制次年的发供电设备检修计划，报河南省电力公司调通中心计划处；在每月 15 日前，根据河南电网批复的年度检修计

划和电厂设备的运行状态编制月度检修计划，报河南省电力公司调通中心计划处；小浪底水力发电厂根据月度检修计划，结合检修人员、材料、备件的到货情况向电力调度机构提出检修申请。一般情况下，将发供电设备的检修时间安排在当年的8～12月和次年的1～3月、5月，以满足汛期和4月、6月供水灌溉，调水调沙大流量下泄的要求，达到充分利用水资源的目的。

（四）为电网提供辅助服务，保证电网安全

在严格执行电力调度指令的前提下，积极协调调度部门满足“以水定电”的下泄流量，不断增强水情预报的准确性，利用合作开发的小浪底和西霞院两座水库联合调度软件，进一步探索和优化水库调度方式和机组调峰方式。小浪底水力发电厂发电机组的自动发电控制和电压控制（AGC、AVC）的投入率满足电力调度的要求，并且为稳定电网的运行发挥了重要作用。同时小浪底水力发电厂加强涉网设备（继电保护、自动切机、一次调频和电力系统稳定器PSS）等自动装置的管理，使其投入率和正确动作率均达到了100%，保证了电网的安全运行。

第七章　技术管理

生产技术管理是对日常生产活动和技术工作的组织、计划、协调和控制，是电厂管理工作的重要组成部分。从1999年建厂以来，小浪底水力发电厂的生产技术管理内容不断完善，逐步形成了一套适合小浪底水力发电厂实际情况的生产管理体系，主要包括运行管理、检修管理、设备管理、可靠性管理、技术监督、事故备品管理、项目管理、科技管理等内容，其中运行管理、检修管理内容详见第六章、第八章。

第一节　设备管理

设备管理主要包括设备缺陷管理、设备异动管理、设备评级管理、继电保护定值管理等。

一、设备缺陷管理

设备缺陷管理是设备管理的主要环节，目的是掌握正在运行的系统、设备存在的问题，以便按轻、重、缓、急消除缺陷，提高系统和设备的健康水平，保障设备的安全稳定运行，同时通过对缺陷进行全面分析，总结其变化规律，为大修、更新改造提供科学依据。小浪底水力发电厂对设备缺陷实行全过程管理，包括缺陷的提出、消除、验收、分析、预防、控制、统计、考核，形成闭环管理。小浪底水力发电厂设备缺陷管理制度2002年编制，2008年进行了修订。

(一)缺陷的定义、分类和消除期限

设备缺陷是指在生产过程中，运行或备用的设备(系统)存在的影响人身或设备安全，影响经济、文明生产和不能实现其设计功能、能力的异常现象。根据威胁设备安全运行的程度，设备缺陷分为紧急、重要、一般三种。

紧急缺陷：指性质严重、情况危急，必须立即处理，否则可能造成人身伤亡、大面积停电和主要设备损坏事故的缺陷。紧急缺陷应在24小时内消除。

重要缺陷：指性质重要、情况严重的缺陷，虽然设备尚可继续运行，但已影响设备出力，或不能满足系统正常运行的需要，以及短期内可能发生事故，威胁设备安全运行。重要缺陷视其严重程度在1个月内安排处理。

一般缺陷：指性质一般、情况轻微，对安全运行影响不大的缺陷。一般缺陷可列入季度或年度大修计划进行处理，或在日常维护工作中消除。

(二)缺陷管理内容

(1)设备缺陷管理必须贯彻执行“预防为主”的原则。对于发生的设备缺陷，要进行认真分析，避免同类缺陷重复发生。

(2)设备缺陷管理实行厂、分厂、班组三级管理机制，各级管理组织与工作人员要做到"责、权"分明,做到"凡事有章可循、凡事有据可查、凡事有人负责、凡事有人监督"和"责任到位、压力到位、操作到位、监督到位"。

(3)各级设备管理单位每月定期对设备缺陷进行分析,提出分析报告。

(4)当设备存在缺陷时,无论是否影响到安全生产,均应及时消除。对不能及时消除的威胁安全生产和系统完整的重大缺陷,应组织有关人员制定监视和控制措施,进行事故预想,防止缺陷蔓延或扩大。

(5)运行、检修人员在巡回检查或设备维护、检修、试验等工作中发现缺陷时,必须及时汇报值长或室主任,按照MIS(信息管理系统)缺陷管理流程做好登记、处理、验收工作。

(6)检修单位和班组有关人员每天上班后在半小时内查看MIS缺陷管理系统,并签署缺陷确认意见,属本班管辖的设备应按消缺原则及时安排处理。

(7)检修消缺工作必须坚持工作票制度。工作结束后,工作负责人应在"设备缺陷管理系统"中进行作业交代,交代的内容包括缺陷处理结果、缺陷原因分析、消缺的主要内容等,对未消除的缺陷,还应注明缺陷未消除的原因及计划处理日期。若设备有所变更,必须附有单独的书面图纸交代,同时及时更改相应电子版图纸。交代内容经运行人员确认无误后,缺陷处理结束。

(三)缺陷管理职责及考核

缺陷管理涉及生产厂长(总工程师)、安全监察部工作人员、生产技术部工作人员、运行人员、检修维护人员等各级人员,小浪底水力发电厂进行了详细的职责划分,使人员各负其责。同时对消缺率进行考核,对发现并正确消除一个缺陷的予以奖励。以下情况根据影响程度分别予以处罚:运行值班人员发现设备缺陷未及时登记或通知有关人员,造成缺陷处理延误,影响了机组的正常运行;由于运行措施不当或配合不好而影响了缺陷处理;紧急缺陷消除不及时,其消除时间超过24小时;由于检修质量原因,缺陷消除后一个月内重复出现。由于当时条件限制或特殊部件处理确有困难的设备缺陷,经生产技术部确认,报厂领导批准后,可暂不考核。

二、设备异动管理

生产运行设备凡改变主辅设备(系统)的结构、功能、位置、数量、参数、控制逻辑以及原设计有变动时,均应按设备异动管理制度的规定履行异动手续。

(一)异动管理范围

需办理异动管理手续的设备(系统)主要包括:主机及辅机的油、水、气等系统,电气一、二次系统,自动控制系统,闸门金属结构机械、液压系统,承载、支撑结构的穿孔、打洞、增加荷重,设备结构异动(包括型号、型式的变更,设备重要结构和特性(如材料、厂家)的改变,设备内部的改造等),设备的新装或拆除,厂房结构改进等。

(二)异动管理程序

(1)当设备或系统需发生异动时,设备维修管理人员在事前提出设计方案、图纸、措施,填写异动申请单。

(2)异动申请经分厂(部门)总工程师、厂长审核,生产技术部审定,生产副厂长或总工程师批准后,安排实施。如设备异动申请内容涉及其他专业和部门,应履行会签程序。

(3)设备异动后,在设备复役前,异动申请单位填写好设备异动报告,经生产技术部组织对异动核对验收后,分发至运行操作部门、生产技术部、生产副厂长等有关单位或个人。设备异动报告作为改造项目完工验收的依据之一。

(4)设备异动涉及主要设备或主要辅机设备时,申请部门应向运行部门作书面交底。运行部门收到设备异动报告后,应及时修改有关操作规定,提出有关运行安全注意事项;修改异动后设备、系统的编号,一周内修改系统图。

(5)对设备的异动,如涉及备品备件储备,要及时通知物资部门和仓库,及时处理原储备备品。异动完成一个月内,完成设备台账补充或修改,修改设备结构或接线图,作好技术记录。

(6)重大设备异动后,一个月内编写完工报告,汇总资料,分发相关部门存档。

(7)对涉及固定资产变更性质的异动,完工一个月内按照固定资产管理程序办理固定资产增值、报废手续。

三、设备评级管理

设备评级是全面检查和掌握设备的技术状况,促进管好、用好枢纽设施、发供电设备的一项重要工作。

(一)设备评级管理范围

1. 厂负责评级设备

厂负责评级的设备主要包括:

(1)水轮机组(包括主要部件、过流部件、导轴承、主轴密封、检修密封、调速系统、水轮机保护仪表及辅助设备等);

(2)水轮发电机(包括定子/转子部件、励磁系统、仪表及自动装置等);

(3)220 kV 主变压器;

(4)挡水建筑物(主坝和副坝);

(5)发电引水建筑物(发电洞);

(6)厂房建筑物;

(7)尾水建筑物;

(8)泄洪排沙建筑物(孔板洞、排沙洞、明流洞、溢洪道)。

2. 部门负责评级设备

除厂负责评级设备(设施)外,各分厂及有关单位应根据本单位所管辖设备范围,规定出由各室(所)管理的设备,明确设备分工及专责人员,不得存在设备管理空白。

(二)设备评级程序

(1)首先由设备专责人按照设备的实际状况及评级标准提出所管辖设备的定级意见,各室讨论后报分厂。

(2)属分厂管理的设备由分厂组织评定,设备评级结果和报告及时报厂生产技术部。

(3)属厂级管理的设备由生产技术部负责组织有关人员于 12 月进行评定。

(4)生产技术部根据评级结果,统计出全厂设备完好率、设备一类率,对二、三类设备存在的问题进行汇总，必要时提出处理建议和措施。设备评级结果及报告报分管厂长和总工程师。

(三)设备评级分类

(1)设备评级分为一、二、三类。其中一、二类设备统称“完好设备”。

(2)完好设备数量(即一、二类设备之和)与参与评级的设备数量(即一、二、三类设备数量之和)之比称为“设备完好率”。

(3)设备完好率分别按设备台(套)数和容量计算。

(四)评级标准

根据小浪底水力发电厂设备具体情况分别制定机电主设备及水工建筑物主设备一、二、三类评级标准，辅助及附属设备一、二、三类评级标准。各设备专责人对照评级标准开展设备评级工作。

上述的机电主设备为水轮机、发电机和主变压器，其他机电设备均为辅助设备。水工建筑物主设备为挡水建筑物(主坝和副坝)、发电引水建筑物(发电洞)、厂房建筑物、尾水建筑物和泄洪排沙建筑物，其他为辅助设备。

四、继电保护定值管理

按照《电力系统继电保护技术监督规定(试行)》，小浪底水力发电厂制定了继电保护定值管理制度，对继电保护定值的整定、复核、审核、批准及存档进行规范管理。关于定值通知单的规定如下：

(1)现场保护装置整定值的调整和更改按河南省电力调度中心下发的定值通知单执行。经厂生产技术部核对无误后，由电气二次室参照执行更改任务，并依照规定日期完成。工作完成后，由运行值当值值班人员与调度核对定值。

(2)电气二次室、水电供应部编发的定值通知单上除编制人签名外，还应经本部门专责工程师(技术员)复核，报生产技术部二次专责工程师审核，并经总工程师批准后实施。

(3)定值通知单一式若干份，应分别发给电厂运行值、电气二次室、生产技术部二次专责工程师及有关单位。定值通知单应编号并注明编发日期。

(4)定值通知单应附定值计算书，并交由厂生产技术部备案。

(5)定值计算书涉及系统参数或线路保护配合的，要在计算书中注明所取数据的依据。计算书中应写明保护装置的整定原则和依据。计算书要做到正确、完整。计算书和定值通知单由计算人、审核人、批准人签字。

(6)现场保护投退时，应严格按照调度命令或厂制定的保护投退申请单履行，没有调度指令或经批准的申请单，运行值长不予执行，电气二次室不能擅自投退保护。如遇装置误动等特殊原因，经主管领导批准，可以投退保护，但需在48小时内及时补上保护投退申请单。所有投退申请单应存档。

(7)所有保护的软件版本号与校验码应按照保护定值通知单管理办法进行管理。需要与对端配合的保护，要求两端保护的版本号与校验码保持一致。

第二节 可靠性管理

开展可靠性管理工作,目的是通过对历史数据的统计分析,发现设备故障的规律和成因以及设备存在的问题,为设备运行和检修提供依据。

一、可靠性管理的内容

(1)发电设备可靠性数据的统计范围包括水轮机、发电机和主变压器(包括高压出线套管)及其相应的附属、辅助系统,主要水工设施和建筑物。

(2)发电设备可靠性基础数据主要包括:机组开停机时间、计划停运起止时间、非计划停运的起止时间和原因、非计划降低出力的起止时间和原因,由运行人员通过值班记录填写。

(3)生产技术部可靠性专责工程师按照基础数据在可靠性管理系统中录入。

(4)可靠性基础数据的填写、上报应遵循"及时性、准确性、完整性"的原则。

(5)发电设备可靠性数据按照《发电设备可靠性评价规程》进行计算。

(6)主要可靠性指标目前是指:等效可用系数、非计划停运次数、等效非计划停运系数(等效非计划停运系数=非计划停运系数+机组非计划降低出力系数)、降低出力次数、利用小时数。

(7)各部门积极配合开展设备可靠性管理,对所辖设备的可靠性及时提出改进建议并积极落实。

二、可靠性管理要求

(1)生产技术部作为可靠性管理归口部门,设立可靠性专责工程师负责汇总各部门填报的基础数据并进行核实、分析,录入专用程序,经总工程师批准后按时向中国电力企业联合会(简称中电联)可靠性管理中心报送可靠性信息数据。

(2)定期对设备可靠性总体情况进行分析,收集国内外同行业有关信息,向电厂提交半年、全年可靠性分析报告,向有关领导和部门提供可靠性统计指标和分析报告。

(3)引导技术人员、设备管理人员运用可靠性分析方法,对故障进行及时分析,寻找提高设备可靠性的对策。

(4)分析影响设备可靠性的主要原因,积极提出改进设备可靠性的措施,并按照管理程序及时实施有关措施,提高设备可靠性水平。

第三节 技术监督

电力技术监督的目的就是依据科学的标准,利用先进的测量手段和管理方法,在发供电设备的全过程质量管理活动中,在金属结构、化学、绝缘、继电保护等方面对设备健康水平及安全、稳定、经济运行的重要参数和指标进行监督、检查、调整,以确保发供电设备在良好的状态或允许的范围内运行。小浪底水利枢纽作为重要的水利工程,水工建筑是枢组的重要组成部分,因此小浪底水力发电厂在技术监督过程中,依照电力技术监督的方法,增加了水工技术监督的内容。随着管理范围的调整和具体要求的变化,小浪底水力发电厂技术监督到目前为止已发展成为包括金属结构、化学、绝缘、继电保护、电测仪表、自动装置、电能质量、远动通信、水工监督、励磁和调速器监督在内的11项内容。

一、技术监督网

电厂技术监督工作由厂、生产技术部、设备管理部门组成技术监督网,实行三级管理。第一级由生产副厂长、总工程师组成;第二级由生产技术部各专责工程师组成;第三级由设备管理部门技术专责工程师组成。各级人员按照职责分工开展工作。每年由生产技术部定期组织召开技术监督网专业工作会议,总结交流技术监督工作经验,讨论并部署工作任务和要求。

二、技术监督管理要求

(1)设备管理部门应建立健全各种技术监督工作档案,包括规程、制度、设备制造、安装调试、运行、检修及技术改造等全过程的技术监督原始资料,并确保其完整性和连续性。对设备从规划设计、产品质量、安装调试、交接验收、运行管理、校验维护、系统改造及新技术开发等方面,实施全过程技术监督管理。

(2)对受监督设备的技术监督要求:应有技术规范、技术指标和检验周期,应有相关的检测手段和诊断方法,应有全过程的监督数据记录,应实现数据、报告、资料等的计算机管理。

(3)各专业技术监督负责人每月编制上报电力公司的技术监督报表。

(4)各专业技术监督负责人每季度整理监督项目及指标完成情况。

(5)每年年初各专业技术监督负责人完成上一年度技术监督工作总结。

(6)每年10月各专业技术监督负责人编制下一年度的技术监督工作计划。

(7)以上报表和计划总结按规定时间报送生产技术部,由生产技术部统一统计和管理。

三、技术监督内容

(1)认真执行上级和行业各项规程、规范和规定,对运行中的电气设备做到应试必试,对准备投产的设备严格按交接试验程序进行,综合分析判断,做出正确结论,提出试验报告。

(2)在执行规程、规定过程中,如果有特殊情况需要更改试验标准、项目、周期,应组织有关人员进行分析讨论,提出建议和措施,由总工程师批准。

(3)设备存在故障时,应及时向本单位领导和绝缘监督工程师反映,并通知设备检修班组进行研究处理。

(4)切实加强技术培训工作,不断提高试验人员的技术水平及对试验结果的分析判断能力。

(5)对于试验中使用的有准确度要求的仪器仪表,必须定期送到有检验资质的单位检定,保证测试结果的不确定度满足相应测试要求。新购买的仪器仪表经检定合格后方可使用。

(6)建立健全技术资料档案,包括有关文件、标准、计划、总结等,与监督设备有关的仪器仪表管理制度,受监督的设备技术资料台账:电气及机械设备参数、试验方法、试验数据、报告等。

四、技术监督对象和设备

(一)绝缘监督

各电压等级的断路器、隔离开关、电压互感器、电流互感器、变压器、避雷器、阻波器、绝缘支柱、悬垂绝缘子串、母线、电缆、电机及绝缘工器具等设备。

(二)金属结构监督

起重设备(包括桥式起重机、门式起重机、卷扬机、闸门启闭机、电动葫芦、钢丝绳、吊带、导链等)、压力容器、水轮发电机组主机金属结构部分、各辅助系统设备及管路、泄洪排沙系统各闸门等。

(三)继电保护监督

发电机、变压器、电动机、母线、线路、断路器、并联电抗器等电力设备的继电保护、区域稳定装置及所属的二次回路。

(四)化学监督

各充油变压器、发电机各部轴承、调速器、液压启闭机等设备和装置的油品,各 SF_6 开关的 SF_6 气体。

(五)自动装置监督

上位机、现地控制单元、公用 LCU 和开关站 LCU 及 UPS,全厂辅机系统(电气部分),包括高、中、低压气系统,技术供水系统,检修和渗漏排水系统,工业电视系统,水轮发电机测量系统自动装置及全厂其他自动化元器件。

(六)仪表监督

全部运行中的电气仪表、热工仪表,0.2 级及以下所有测量用电流、电压互感器,技术考核用电能计量装置,有关测试设备和试验装置。

(七)电能质量监督

发电机、变压器分接头、调速器、励磁装置、电压/频率测量记录仪表等,主要控制发电机上网频率、电压和功率因数。

(八)远动通信监督

远动装置主机以及交流测量设备,通信数据交换系统、光端设备、数据调度专网、电网调度终端等设备,与省网的通信接口,与厂内其他发电设备的通信接口等。

(九)水工技术监督

全部水工建筑物的内部观测、外部观测和渗流观测用设施和仪器。

(十)励磁系统监督

全厂发电机励磁系统和电制动系统设备。

(十一)调速器监督

全厂调速器和筒阀系统(电气部分)设备。

第四节　事故备品管理

事故备品是指用于突发事故抢修且具有加工或采购周期长、修复困难、价格贵重、消耗频次低等特点的物资。

一、事故备品分类

事故备品分配件性事故备品、材料性事故备品和设备性事故备品。

(1)配件性事故备品:是指主要设备(主机和辅机)的零部件,这些零部件具有在正常运行时不易损坏,正常检修时不需要更换,但损坏后将造成发供电设备不能正常运行和直接影响主要设备的安全运行,而且损坏后不易修复,制造周期长和加工需用特殊材料的特点。

(2)材料性事故备品:是为主机设备及管道事故抢修储备的材料以及加工配件性备品所需的特殊材料。

(3)设备性事故备品:是指除主机以外的其他重要设备,这些设备一旦损坏,将影响发供电设备的正常运行,而且损坏后不易修复和难以购买。

(4)属于下列情况之一者,不包括在事故备品范围之内:

①在设备正常运行情况下容易磨损,正常检修中需要更换的零部件。

②为缩短检修时间用的检修轮换部件。

③在检修中使用的一般材料、设备、工具和仪器。

④设备损坏后,在短时间内可以修复、购买、制造的零部件的材料。

⑤特殊检修项目需要的大宗材料、特殊材料以及零部件。

⑥现场固定安装的备用设备,如备用励磁机、备用开关、备用水泵等。

二、事故备品储备定额

(1)事故备品储备定额,结合设备历年运行的健康状况和检修经验,在生产副厂长或总工程师的主持下,由生产技术部组织生产保障部、生产部门共同研究,本着既保证安全生产需要,又节约资金的原则进行编制。电厂事故备品储备定额,经生产副厂长或总工程师审核,报厂长审批。

(2)新设备投产后,要补充事故备品储备定额。事故备品储备定额 2 ~3 年修订一次,修改变动的部分需经审核批准。

(3)修造企业已确定储备的事故备品,不再储备。重点考虑机组、闸门和关键设备的事故备品。互换通用的零部件只备一种。材料性事故备品的储备定额,只考虑在发生事故或意外情况下需要更换的。

三、事故备品储备、动用和报废

(1)事故备品应单独立账，分类存放，定期进行清点、保养、试验，做到质量合格，无损伤、变质或丢失。

(2)精密零件和电气设备的事故备品，要注意温度、湿度和阳光照射的影响，对需要采用特殊方式保管的事故备品，由生产保障部和生产部门共同提出保管措施、技术要求，以便妥善保管。金属制品必须定期做好防锈防腐工作，精密长轴要防止弯曲。

(3)事故备品的动用，要经过审批。动用事故备品必须经过生产副厂长或总工程师审批。事故备品领用后，应及时补充，保持原储备量。

(4)事故备品由于设备淘汰、备品更新换代、保管保养不善、变质损坏等原因，应由生产保障部提出申请报废的报告，及时处理，避免积压、误用。

第五节　外委项目管理

对劳动强度大、劳动力集中、专业性较强的非电厂生产维护工作，实行外委实施的体制。为加强和规范运行维护的外委项目管理，参照小浪底建管局相关文件和要求，小浪底水力发电厂制定了《运行维护外委项目管理实施细则》，对项目的立项、审批、施工单位的确定、合同的签订、项目实施、项目验收移交等程序以及各相关部门的责任和权限进行了规定。

一、立项

电厂各生产单位根据管辖设备范围提出外委立项申请，报分管厂领导批准后报生产技术部。立项要求做到方案不确定不报、无费用预算不报、无论证资料不报。

二、审批

生产技术部对项目的必要性和技术方案的可行性进行审核，审核同意后报厂长批准。审核批准后的项目转生产保障部。

三、施工单位的确定和合同签订

生产保障部按照批准后的立项项目组织编写招标项目的招标工作计划和非招标项目的外委工作计划，经厂领导批准后组织项目的招标和外委工作。通过招标、询价、议价、谈判等方式推荐施工承包单位，并负责有关评标报告、评议报告等外委工作报告的报批；根据审批的外委工作报告组织承包商、厂相关部门进行合同谈判，以及签订合同。

四、项目实施

项目责任单位负责责任范围内外委项目的实施，具体负责项目的进度和质量控制、安全管理、变更申请、工程量核定等，并承担项目监理职责；负责责任范围内外委项目工作的中间过程验收，并根据项目性质和相关规程、规范做好中间验收和质量控制记录；负责审核承包商递交的竣工验收申请、竣工报告及相关竣工资料，编写或审核项目竣工监理报告，审核合格后将有关验收申请、报告、资料及审核意见一并报生产技术部待验。

五、项目验收

外委项目的验收由生产技术部负责。承包方报验需向生产技术部提供验收申请、竣工报告及相应竣工资料，验收申请需有监理单位的审核意见。监理单位编写工程监理工作报告，随验收申请一并报验。生产技术部在组织验收时，必须严格审核项目实施内容、质量控制、变更审批、费用控制、工期控制、合同管理等情况，同时按照小浪底建管局竣工资料整编的有关规定审核项目责任部门报送的项目竣工报告和竣工资料的完备性。项目竣工和缺陷责任期满验收后必须形成验收报告，验收报告由生产技术部组织的验收小组编写。项目竣工验收(移交)证书由分管厂领导签发，签发日期即为项目移交日期；从移交日期的第二天开始计算缺陷责任期，验收遗留问题由项目责任部门监督处理。

六、费用结算

施工承包单位持项目竣工验收(移交)证书，由生产保障部开具支付凭证，经财务部办理结算手续。

第八章　检修管理

发电机组每运行一定的周期，根据设计要求和实际运行情况，需要进行预防性维修、纠正性维修、设备检查、设备消缺和技术改造以及定期预试，以保持、改善和提高设备的运行性能，保证机组在下一周期内安全稳定运行。机组检修是一项综合性的系统工程，涉及电气、机械、起重、焊接等多工种多专业。做好检修管理工作是保证发电设备安全、经济运行的重要措施之一。

第一节　机组检修等级和检修计划

一、检修的参考依据和等级确定

水力发电机组检修的参考依据为中华人民共和国电力行业标准《发电企业设备检修导则》（DL/T 838—2003）。2005～2007 年，中国电力企业联合会负责组织相关单位在《发电企业设备检修导则》（DL/T 838—2003）的基础上编制了新版的《水电站设备检修管理导则》（DL/T 1066—2007）。

根据《水电站设备检修管理导则》（以下简称《管理导则》）的规定，水轮发电机组检修分为 A、B、C、D 四个等级。A 级检修是指对发电机组进行全面的解体检查和修理，以保持和恢复或提高设备性能；B 级检修是指针对机组某些设备存在的问题，对机组部分设备进行解体检查和修理；C 级检修是指根据设备的磨损、老化规律，有重点地对机组进行检查、评估、修理、清扫；D 级检修是指当机组总体运行状况良好时，而对主要设备的附属系统和辅助设备进行消缺。

机组检修分为四个等级，如何确定适合电厂实际的检修方式需要根据具体情况具体分析。小浪底工程地下厂房装设 6 台水轮发电机组，单机容量为 300 MW，水轮机及其辅助设备由美国 VOITH 生产，在设计、制造时就考虑了黄河的水流泥沙特性，在结构、工艺、材质、抗磨蚀等方面采取了多种措施，当时在国际上具有较为先进的技术水平。水轮发电机由哈尔滨电机厂设计，由哈尔滨电机厂和东方电机厂各生产三台，其设计和制造工艺也反映了当今国内 300 MW 机组的技术水平。其他设备如监控系统、调速系统、励磁系统等大都采用进口设备。高质量的设备为小浪底机组适当延长检修间隔奠定了良好的基础。

黄河以多沙著称，小浪底工程地处黄河中下游分界处，小浪底水利枢纽控制黄河近 100% 的泥沙。小浪底工程投运以来，在每年汛前的调水调沙期间，实测小浪底最大过机含沙量在 1.0～24.0 kg/m^{3}之间变化，大多数情况下小于 10.0 kg/m^3。实际的过机含沙量相比设计要小，这主要是由于水库、上游的水土保持措施、没有大洪水等原因造成的。另外，小浪底工程大多数机电设备采用的是进口设备，机组运行缺陷少，稳定可靠，尤其是转轮叶片的磨损气蚀非常小，每次大修几乎不需要动用焊条。

《管理导则》建议的机组 A 级检修间隔和检修等级组合方式见表 8-1。结合常规检修和状态检修的需要，小浪底水力发电厂的检修等级组合方式确定为 A—C—C—C—C—C—A，一台机组 6 年进行一次 A 级检修。与《管理导则》建议的检修方式相比，取消每年一次的 D 级检修，改两次 A 级检修之间的 B 级检修为 C 级检修。经过多年实践，该检修模式完全满足安全运行需要。

表 8-1　机组 A 级检修间隔和检修等级组合方式

<table>
<tr><th>机组类型</th><th>A 级检修间隔年</th><th>检修等级组合方式</th></tr>
<tr><td>多泥沙水电站
水轮发电机组</td><td>4～6 年</td><td rowspan="2">在两次 A 级检修之间，安排 1 次机组 B 级检修；除有 A、B 级检修年外，每年安排 1 次 C 级检修，并可视情况，每年增加 1 次 D 级检修。如 A 级检修间隔为 6 年，则检修等级组合方式为 A—C(D)—C(D)—B—C(D)—C(D)—A(即第 1 年可安排 A 级检修 1 次，第 2 年安排 C 级检修 1 次，并可视情况增加 D 级检修 1 次，以后照此类推)</td></tr>
<tr><td>非多泥沙水电站
水轮发电机组</td><td>8～10 年</td></tr>
<tr><td>主变压器</td><td>根据运行情况和试验结果确定，一般为 10 年</td><td>C 级检修每年安排 1 次</td></tr>
</table>

结合目前我国检修管理水平和小浪底水力发电厂的实际情况，小浪底水力发电厂的检修方式目前仍以计划检修为主。《管理导则》建议“根据设备的技术状况和部件的磨损、劣化和老化等规律，适当调整 A 级检修间隔，采用不同的检修等级组合方式”。小浪底机组整体运行状态良好，也正在逐步探索状态检修规律，计划适当延长 A 级检修间隔，根据不同情况开展计划检修、状态检修、事后维修和改造性检修等多种检修模式相结合的优化检修模式研究，以提高设备稳定性，降低发电成本。

二、机组检修计划

检修管理的核心是计划管理，计划管理的重点在于对检修计划的平衡能力，基础在于各级检修人员对待检修设备的综合分析能力。

小浪底建管局为加强基建、大修、更新改造等项目的管理工作，规范项目立项申报、审批程序，制定了“项目立项管理办法”。项目立项实行三年滚动计划管理体制，将三年的计划分为：年度计划、建议计划和框架计划。因此，需要提前三年制订好机组的 A 级检修顺序计划以及初步方案。第二年的年度计划通过局审批后电厂就可以进入机组 A 级检修的全面准备阶段。

电力调度部门也要求在每年的第四季度申报下年的发供电设备检修计划，其中包括所有涉网设备的检修等级、检修时间等。小浪底水力发电厂生产部门一般在第四季度初根据往年的机组运行状态、水库预计来水、年调节水库运行情况，回避年度不宜安排停电工作的时间段，如法定节日、重要政治活动、迎峰度夏、调水调沙等，制订好来年的检修计划，内容主要包括检修级别、距上次检修的时间、检修工期、检修进度安排及其说明等。计划经过小浪底水力发电厂生产技术部组织厂领导及相关部门讨论修改做出最终决定，报送省电力调度部门。

小浪底工程发电机组的年度检修计划一般实行“柔性管理”。小浪底水利枢纽具有“防洪、防凌、减淤、供水、灌溉、发电”六大功能，首先要充分发挥“水”的社会效益，由于上游来水、下游旱涝以及供水、天气等多种因素影响，下泄流量随时发生变化，而调度原则是电调服从水调，“以水定电”，机组的运行方式有很大的不确定性，因此机组检修的年度计划会不断调整，只能实行“柔性管理”。一般月度检修计划具有指导性和确定性，周计划基本可以实行“刚性管理”。

主要设备的附属设备一般随主要设备一同检修，辅助设备一般根据其运行状态和厂家要求等综合考虑其检修计划。需要说明的是，小浪底机组主变压器投产以来，综合历年监测、试验数据进行分析，表明主变压器一直处于良好工况下运行，主变压器运行稳定，没有进行过大修。

小浪底工程水轮发电机组 A 级检修和 C 级检修的停用时间参照《管理导则》执行。针对机组的大小，《管理导则》建议的标准项目检修停用时间见表 8-2，对于多泥沙河流、磨蚀严重的水轮发电机组，其检修停用时间可在表 8-2 的基础上乘以不大于 1.3 的系数。小浪底机组的转轮直径为 6 354 mm，取用了一般机组检修的最大值，A 级检修时间计划为 70 天，C 级检修时间计划按小于 12 天控制，C 级检修项目安排一般按 10 天左右执行。

表 8-2　《管理导则》建议的水轮发电机组标准项目检修停用时间

转轮直径（mm）	混流式或轴流定桨式			轴流转桨式		
	A 级（天）	B 级（天）	C 级（天）	A 级（天）	B 级（天）	C 级（天）
<1 200	30 ~ 40	20 ~ 25	3 ~ 5			
1 200 ~ 2 500	35 ~ 45	25 ~ 30	3 ~ 5			
2 500 ~ 3 300	40 ~ 50	30 ~ 35	5 ~ 7			
3 300 ~ 4 100	45 ~ 55	35 ~ 40	7 ~ 9	60 ~ 70	35 ~ 40	7 ~ 9
4 100 ~ 5 500	50 ~ 60	40 ~ 45	7 ~ 9	65 ~ 75	40 ~ 45	7 ~ 9
5 500 ~ 6 000	55 ~ 65	45 ~ 50	8 ~ 10	70 ~ 80	45 ~ 50	8 ~ 10
6 000 ~ 8 000	60 ~ 70	50 ~ 55	10 ~ 12	75 ~ 85	50 ~ 55	10 ~ 12
8 000 ~ 10 000	65 ~ 75	55 ~ 60	10 ~ 12	80 ~ 90	55 ~ 60	10 ~ 12
>10 000	75 ~ 85	60 ~ 65	12 ~ 14	85 ~ 95	60 ~ 65	12 ~ 14

第二节　A 级检修管理

小浪底水力发电厂在筹建初期为提高人员效率，定员标准就严格要求，所以人员设置比较精简，不配置水轮发电机组 A 级检修人员和队伍。小浪底水力发电厂 A 级检修像多数新建电厂一样按项目进行管理。按照项目管理的方法，在检修过程中运用过程管理的思想，强化持续改进的理念，不断提高 A 级检修管理工作水平。

一、制订A级检修技术方案

小浪底建管局在年初批准本年度基建项目后，电厂技术人员开始制订详细的机组A级检修方案。首先做好检修机组的历史运行资料收集和整理工作，做好设备的系统状态分析、运行分析和设备劣化分析，对设备存在的问题和缺陷加以统计和整理，作为制订检修方案的基础和依据。A级检修方案主要包括如下内容。

（一）项目概述

项目概述主要内容有工程项目名称、机组投运时间、上次检修时间、立项依据、预计检修时间、机组存在的主要问题等。

（二）检修项目和技术要求

（1）发电机机械部分，主要分为机组整体部分、发电机层平面以上部分（有齿盘测速、碳刷、补气装置等）、定子、上机架、转子及主轴、轴承、推力油槽下机架及下导油槽、制动系统和发电机主轴等内容。针对每项内容提出详细的检修项目及技术要求，技术要求包括参照的技术规范以及详细的参数要求。

（2）水轮机机械部分，主要分为顶盖以上设备部件、导水机构、转轮及主轴、座环、筒阀、蜗壳和尾水管、调速器、集油箱、高压油罐、机组辅助设备及其他等内容。同样针对每项内容分别提出详细的检修项目及技术要求。

（3）电气部分，主要分为发电机定子、发电机转子、主变压器及连接管（主变压器投运十多年来未进行A级检修，随着机组A级检修只进行常规性的检查预试）、发电机出口18 kV设备、主变压器高压侧220 kV设备以及机组其他的一些辅助性电气控制设备等。

（4）特殊项目处理，除常规性检修项目外，如果有特殊项目，需要列出处理的基本技术要求。

（三）项目实施和管理要求

（1）对大修过程中开工准备、质量监督、质量验收、方案审批、进度管理、现场协调及总结工作等需作出详细要求。对大修所使用的由承包方提供的材料和业主提供的专用工器具也应作出要求。

（2）规定了32个停工待检点（H点）和55个见证点（W点）。针对实际情况，对检修队伍必须提交施工方案的项目也应作出规定。

（四）引用的技术标准和规程规范

以上的技术要求主要用于合同部门的招标投标，也将作为最终合同的技术条款。

二、A级检修前的策划和准备

（一）确定检修队伍

按照项目管理程序，由电厂生产保障部（合同经办部门）根据A级检修的技术方案负责组织拟定招标文件，通过招标投标程序确定有资质的检修单位。

（二）检修物资的准备

检修物资的好坏一定程度上决定了检修质量，小浪底水力发电厂十分重视检修物资的采购。首先由发电维护分厂（生产管理部门）在招标投标的前后提出物资需求计划，备品备件一般要求为原厂产品,其他物资也一般要求从使用过的可靠的型号中选购。对于需要招标投标的物资,必须打好提前量,预留出招标投标时间和厂家供货时间,保证在A级检修前到货。对于由A级检修队伍提供的消耗性材料,则在A级检修队伍确定后,双方协商确定材料厂家、型号,保证供货质量。

(三)成立检修组织机构,明确职责分工

为了保证机组检修的顺利进行,在检修开工前由生产技术部(以下简称"生技部")按照要求组建机组检修质量监督管理小组,由管理小组全面负责机组A级检修的各项工作。管理小组由领导组和工作组组成,领导组组长一般由生产副厂长担任,副组长由总工程师担任,成员由发电维护分厂厂长、生产技术部主任、安全监察部主任、生产保障部主任担任。工作组组长由发电维护分厂厂长兼任,副组长由发电维护分厂副厂长、生技部副主任担任。工作组又分为机械专业组、电气专业组、运行专业组、安全专业组,专业组组长及成员由业务水平高、责任心强的人员担任。机械专业组、电气专业组全权负责检修的监理工作,运行专业组全程负责运行配合工作,保证了其工作的连续性。电厂设置专职安全员,由安全监察部安全专责工程师担任。

(四)技术更新改造项目的准备

技术更新改造项目,比如进行发变组保护装置、蜗壳取水滤水器更换等大的改造项目,必须随A级检修一同进行。因此,技术更新改造项目的准备必须同A级检修工作的准备同时进行,也存在技术方案的编制、招标投标、进场施工等同样的程序,其准备工作不能滞后于A级检修的准备工作,其施工必须保证在A级检修工期内完成。技术更新改造项目的施工可以委托A级检修队伍进行,也可另请有资质的队伍施工。

(五)"检修文件包"管理

小浪底水力发电厂在检修中推行"检修文件包"管理,将管理理念和管理方法通过文件的形式系统化,从而形成完整的项目管理体系,保证工程文件和原始记录准确、齐全、完整,使一切施工作业活动均有文件依据,施工作业活动的结果均可追溯。"检修文件包"里明确了检修中安全、质量、技术的管理办法,制定了质量标准、质检点等。每次检修前结合本次检修特点和情况变化,对"检修文件包"进行修编完善,使其更加符合现场工作实际。

三、A级检修的全过程控制

(一)审核"三项措施"

一般在当月中旬申报下月A级检修计划时,小浪底水力发电厂就告知检修队伍开工日期,让其开始做准备工作,按时开工。检修队伍组织相关人员编写检修的安全措施、组织措施、技术措施(简称"三措"),"三措"的主要内容包括检修目标、安全管理、技术管理、质量管理、工期计划、文明施工等。施工单位编写完毕后,提交给电厂审核确认签字。

(二)队伍入场后的管理

正式开工检修前两三天,施工队伍入场,衣食住行安排好后开始检修的准备工作。

1. 入场培训

检修队伍到场后,安全监察部对检修人员进行入厂安全教育,主要涉及以下内容:

(1)到保卫部门登记人员基本情况,向检修人员介绍周围环境及保卫规定、消防设施使用规定、厂内道路交通管理规定等,办理核心生产区域通行证。

(2)安全监察部培训人员对检修人员进行进场前的安全教育,介绍现场临时电源使用规定、登高作业规定、劳动防护规定、习惯性违章考核规定等,对特种作业人员的资格进行审查。

(3)安全培训后检修队伍提交工作票签发人、工作负责人等工作人员权限名单,经过审核后以电厂文件形式下发A级检修队伍工作人员权限名单。要求工作负责人进行全方位的危险点分析,制定控制措施。

2. 现场防护

A级检修现场的防护隔离是文明生产的重要措施,要求施工队伍对所有施工地面进行有效可靠的防护;检修区域与运行设备进行有效隔离;现场安全标示、安全警示、宣传标语充足完善;组织机构、施工措施、网络计划等全部上栏;移交给施工单位的专用工器具、日常工器具、材料到位,摆放整齐美观。电厂监理人员检查合格后发布正式开工令。

(三)定期召开现场协调会

整个A级检修过程中应定期召开由机组检修管理小组成员和施工单位项目部经理及各专业项目负责人参加的现场协调会,会议由工作组组长主持,结束后施工单位整理出会议纪要,工作组组长签发。

协调会内容有:施工单位各专业项目负责人汇报工作进度情况、质量情况、安全情况、现场文明生产情况及需要协调的事项;电厂管理小组通报对施工单位施工作业的检查监督情况,指出施工存在的问题和不足之处,对需要协调事项的答复,共同解决检修中遇到的问题;检修管理小组领导对有关问题的指示。

(四)安全管理

安全控制是对检修中人的不安全行为、物的不安全状态和环境因素进行控制。A级检修中安全控制措施主要有:

(1)开工作票时运行人员和工作负责人进行详细的危险点分析,并逐项列出应对措施。

(2)施工队伍利用班前会分析工作中的危险点,制定防控措施。施工队伍和电厂的A级检修专职安全员每天深入现场,指挥防控工作。

(3)在现场协调会上通报工作中的危险点,部署防范措施。

(4)双方各级领导每天深入现场检查,充分发挥安全督促检查的作用。

(五)质量管理

1. 机组A级检修的质检监督工作

检修管理小组中机械专业组、电气专业组负责A级检修的监理工作,主要就是质量监督工作。对专业监理人员的要求较高,应熟悉机组主附设备,熟悉机组A级检修项目、A级检修工艺和质量标准。A级检修监理人员有进行安全监督、工程质量检查、事故调查和处理、参加工程验收工作的权利和义务。A级检修队伍施工作业时,现场监理应在现场,从技术上、工艺上进行督导,对质量严格把关。对于工作中存在或发现的问题,监理及时向该专业组组长汇报,专业组组长向主管该专业的工作小组副组长或组长汇报。监理必须认真填写监理工作日志。

2. 设置H点和W点

在上述的"检修文件包"中结合检修实际,根据机组检修的质量标准和作业流程设置H点(停工待检点)和W点(见证点)(小浪底机组A级检修标准项目共设置了32个H点和55个W点),并向施工单位进行技术交底。监理严格按H点和W点进行质量验收。H点不经过质量三级验收签证不得转入下道工序。W点由现场监理见证即可。

3. 机组A级检修中质量验收

监理对重要设备的拆装或主要工序的整个过程进行跟踪监督。设备分解和回装的整个过程均应有详尽的技术检验和技术记录,文字要清晰,数据要真实,测量分析要准确,所有记录要做到完整、正确、简明、实用。

H点的验收程序是:施工单位班组自检合格签字,施工单位技术负责人检查合格签字,并提请A级检修管理小组进行三级验收,第一级是现场监理签字,第二级是各专业组长签字,第三级是工作组组长或副组长签字。阶段性验收与整体验收的项目第三级是领导小组组长或副组长签字。W点要经现场监理的全过程见证签认。所有项目的质量验收应实行签字责任制和质量追溯制。

机组A级检修后在首次开机前,由检修管理小组组织阶段性验收;试运行后的整体验收由领导小组组长或副组长主持。

4. 重要技术方案的审批

重要技术方案是指机组大件的吊装施工方案、重要部件的拆装施工方案、重要部件的处理施工方案、非标项目的施工方案及重要的试验方案。重要技术方案中,组织措施要高效严密,施工工艺要详尽明确,安全措施要细致齐全,需要提出数据的要有详细的计算过程及必要的文字说明。

重要技术方案审批程序是:在该项施工开始前5天,施工单位工作负责人提出方案,由施工单位技术负责人初审,然后由专业组组长、工作组副组长或组长复审,复审后报领导小组,待领导小组组长或副组长批准后方案生效才可以实施。重要技术方案未经批准,施工单位不得对该项进行施工。

小浪底水力发电厂机组A级检修标准项目共有29项重要技术方案需要审批。目前,基本上对标准检修项目的技术方案和检修工艺实行标准化管理,将逐步不再要求施工单位报批,而是按照标准的技术方案和检修工艺实施。对非标准项目仍需要履行技术方案审批程序。

(六)进度控制

1. 管理小组现场跟踪

管理小组按照审核批准的A级检修施工网络图来进行A级检修进度的控制和管理。管理小组全方位跟踪、控制各专业检修工作的进展情况,随时对比网络计划,检查是否达到了预定目标,是否需要做某些变动。

2. 施工单位严格控制

要求施工单位严格按照经审批的施工网络计划进行施工,要有详尽的周计划和日工作安排,并将每日工作安排提前一天报质监小组备案。

3. 信息反馈

计划执行情况的信息反馈主要通过现场协调会来建立信息传递渠道。现场协调会的计划信息反馈是进度计划控制和跟踪的重要手段。如在检修中发现影响施工进度的重大设备问题，要立即向领导小组组长或副组长汇报。

4. 计划的控制和调整

在检修过程中经常会出现设备或系统问题、资源问题、其他特殊原因及不可抗因素，而影响到计划的完成，这时就需要对计划进行重新评估和调整，以保证计划的准确性。对此问题一般召开专题会或在检修协调会上，由电厂和施工单位双方协商对计划的控制，对能赶回的工期，一般要求施工单位在后期加班加点给补回来。如真正需要调整工期，则根据现场实际情况对项目间的限制条件重新安排，对正在执行的项目和后序工作的工期重新调整，使计划更符合实际。

(七)检修后设备传动和试运行

检修后的设备传动和试运行严格要求按照制定好的流程和审批好的试运大纲执行。要求设备上电前由施工单位的专业负责人在检修交代记录本上详细交代检修情况，保证无影响送电的措施并签字，经检修管理小组同意后由运行小组负责上电工作。设备恢复、上电、试运行等操作均由运行人员进行。设备试运行时，施工单位项目经理、各专业负责人、监理、检修管理小组成员必须到场，监视整个试运行过程，出现问题及时处理。

四、A 级检修结束和 A 级检修总结

检修结束(24 小时试运行)后，由检修管理领导小组组长或副组长主持对检修进行整体验收。A 级检修结束后 20 日内，施工单位必须提交包括 A 级检修总结报告在内的所有技术资料，每套资料要求提供相应的电子文本；电厂监理人员按专业提交各自专业的监理报告；电厂专职安全员提交现场安全监督日志；工作组审核施工单位的 A 级检修报告和监理报告后，在 10 天内向领导小组组长提交 A 级检修总结报告。

机组投运一段时间后电厂根据 A 级检修总结、监理报告以及实际运行情况等，组织各级管理人员和技术人员对机组修前、修后的性能指标进行分析，对机组检修安全、质量、项目、工期、进度、现场管理以及机组试运行情况等进行总结和分析。对存在的问题，制定纠正和预防措施，并跟踪实施和改进。

第三节　C 级检修管理

一、C 级检修的周期

小浪底的检修等级组合方式确定为 A—C—C—C—C—C—A，除 A 级检修年度外，其他机组每年进行一次 C 级检修。C 级检修的任务由小浪底水力发电厂自己承担，所以检修周期安排较为灵活，平时也根据机组状态在一年内适当调整机组的检修顺序。小浪底水力发电厂在计划性检修制度的框架下，有时候也会取消一次机组 C 级检修，比如 A 级检修结束的机组，在运行状态良好的情况下，会取消下一年度的 C 级检修。根据机组缺陷状况，C 级检修的时间也会适当调整。

二、C级检修标准化工作的开展

为提高机组检修管理水平,减少各个环节衔接过程中或某单元工作中的工作量,规范各班组检修全过程的管理行为,提高机组检修质量,确保检修后设备的性能保持和稳定运行,小浪底水力发电厂按照精细化管理要求,逐步开展了标准化检修工作,取得了良好的效果。

(一)标准检修项目

小浪底水力发电厂在2007年初就着手进行标准化项目的制定,收集了多个具有类似机组的大型水电厂的小修项目做参考,再结合具体实际以及《管理导则》要求,最后制定了标准化C级检修项目。

《管理导则》提出的C级检修的主要内容为:

(1)消除运行中发生的缺陷;

(2)重点清扫、检查和处理易损、易磨部件,必要时进行实测和试验;

(3)按各项技术规程规定,检查预防性试验项目;

(4)为A、B级检修策划进行必要的检测与状态评价。

小浪底水力发电厂的C级检修项目是参照《管理导则》规定并根据电厂多年的运行维护实践经验、机组自身质量特点制定的。C级检修项目各厂有很大的不同,比如小浪底水力发电厂曾出现因集电环处积有碳粉导致转子接地的现象,所以小修中就增加了集电环碳刷架清扫及弹簧预紧力测量项目。小浪底水力发电厂标准化小修项目共120余项,并提出了具体的技术要求,主要如下。

1.电气试验项目

电气试验项目主要包括发变组保护部分校验,定转子、变压器、出口开关等预防性试验,消弧线圈、避雷器、高压电缆等预防性试验,灭磁开关接触电阻测量等。

2.化验测试项目

化验测试项目主要包括取油样检查化验,机组振摆度的测量,SF_6微水检测及SF_6渗漏检查,电动阀门的测试及电机启停的检查,技术供水管路壁厚抽检,保护传动试验,各种控制反馈信号的检查测试等。

3.检查清扫消缺项目

检查清扫消缺项目主要包括各种盘柜及内构件的检查清扫及端子紧固,主轴密封磨损等水轮机部件的检查,集电环及碳刷架等发电机部件的清扫检查,技术供水及油压系统的检查等。

(二)标准工作票

标准化检修中,制定标准工作票是重要的一环。标准工作票可以明显减少运行维护人员的工作量,使双方思想行动一致,减少不必要的摩擦环节,有利于提高工作票质量和合格率。电厂组织运行维护人员共制定机组小修第一种标准票8张,第二种标准票11张,机械标准票7张,并在机组检修过程中得到了很好的应用。

(三)标准化作业指导书

小浪底水力发电厂的标准化作业指导书还处于一个逐步完善的过程,一些专业还未完全地投入使用。因为标准化作业首先是由国家电网公司提出并开始实施的,输变电设备的检修做得比较成熟，小浪底水力发电厂也是从一次设备、母差保护及线路保护开始着手准备逐步推广的。对于比较独立的专业，小浪底水力发电厂以其他专业标准化作业指导书作为参考，组织技术人员进行了编写。

三、C 级检修计划的制订

同 A 级检修一样，小浪底水力发电厂一般在第四季度根据往年的机组运行方式和水库预计来水及年调节水库运行情况制订好下一年度的机组 C 级检修计划。小浪底水力发电厂装机 10 台，除 A 级检修一台机组外，基本上需要 C 级检修 9 台机组，需要合理安排检修计划，主要考虑不影响“以水定电”的原则，即汛期来水或下游急需供水时，尽可能保证不因机组检修而弃水，还要考虑机组检修间隔保持合理、检修进度安排等。年度 C 级检修计划经过相关部门讨论做出最终决定，并报送河南省电力公司。

每月中旬电厂根据实际情况制订下月月度工作计划，上报河南省电力公司。每周二制订下周的检修计划，周计划确定后，基本不会有较大变动，各个班组就可以准备下周的检修工作。实践表明，C 级检修的年度计划在应用中要根据实际情况做多次调整，基本属于“柔性”管理。

四、前期准备

在机组检修之前，各个班组要做好各种前期准备工作：

（1）检查是否遗留有需要在机组检修中处理的缺陷。

（2）根据设备运行状况，技术监督数据和历次检修情况，对检修项目进行确认和必要调整，制定符合实际的对策和技术措施。

（3）确定的技改异动项目，及早立项审批。

（4）做好备品备件材料以及仪器仪表工器具的检查准备工作。

（5）做好工作人员的安排和布置。

五、过程控制管理

机组未检修之前为检修所做的一切工作就是为了获得一个良好的检修结果，但检修过程是一个最为重要的阶段。小浪底水力发电厂发电维护分厂对现场检修过程加以监控，使全过程尤其是检修的安全与质量始终处于稳定的受控状态，或者及时发现异常不断加以改进。安监人员也经常深入现场，以专职安全员的身份从安全生产方面加以督促检查。工作班成员严格以标准化作业票和标准化作业指导书为依据，有条不紊地开展工作，检修的各种数据记录按照标准格式填写，并及时做出分析判断。各级领导做好现场协调监督的职能工作。

六、检修程序的优化

机组检修是一个系统的工程，工作的先后顺序以及班组的协调也是一项极为重要的工作。小浪底水力发电厂根据现场实际情况用统筹学的方法制定了机组 C 级检修程序化的工作流程，见图 8-1。

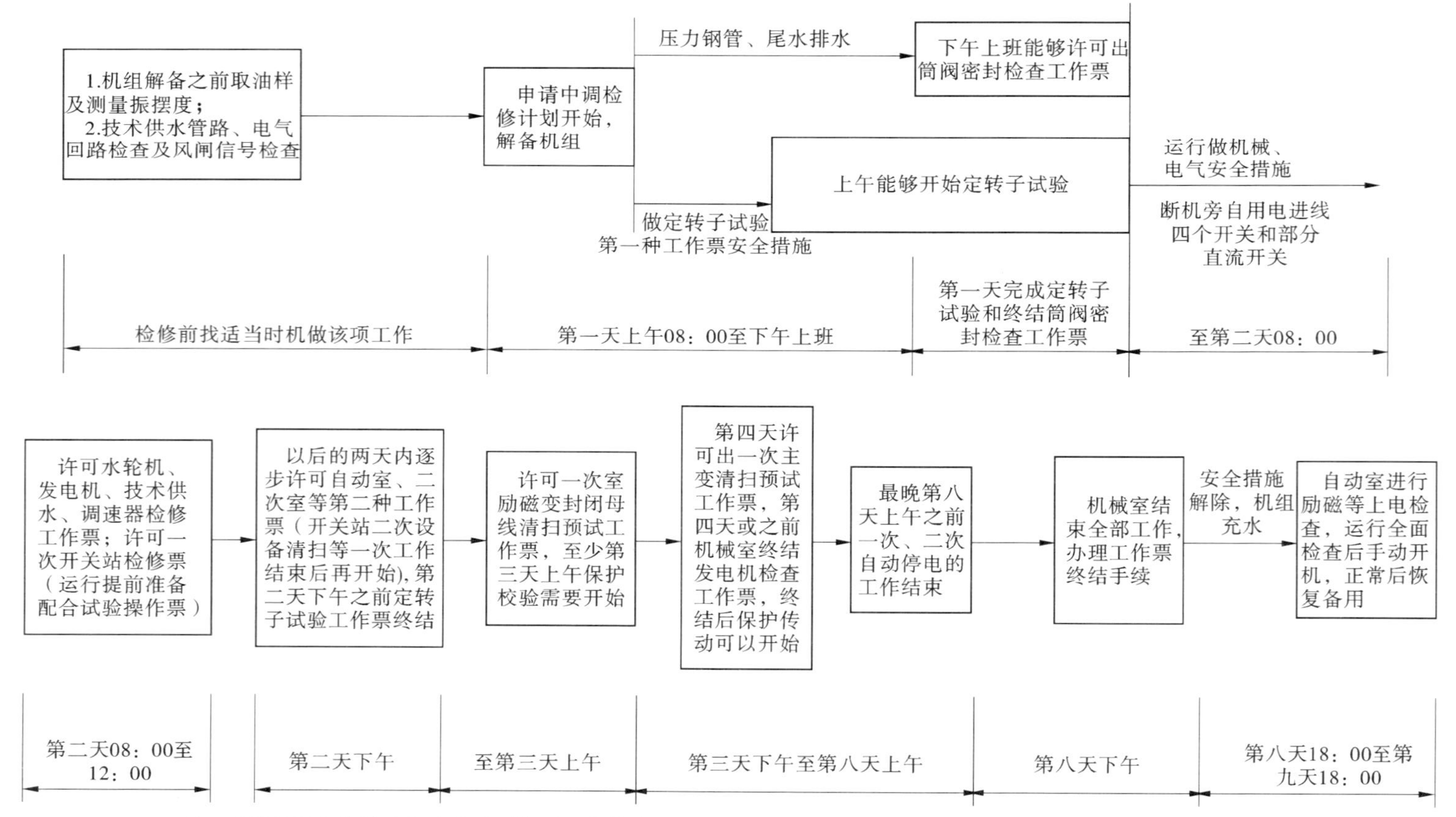

注：此流程仅为进行正常C级检修时使用，有特殊项目特殊处理；在工作互不影响的情况下，可以适当调整工作时间。

图8-1　小浪底水力发电厂机组C级检修流程图

根据《管理导则》的规定，一台300 MW机组的C级检修周期为10天左右。为了保证按期完成，在计划安排上按9天完成，给异常情况处理预留了1天。检修工作的前后，有一些带电的工作以及部分互相影响的工作，要做好合理安排。一旦机组电源全停、油源断开，安全措施全部做完后，各个面上的工作就可以全部展开。

七、检修记录的整理总结

检修结束后，各设备专责人员对所检修设备的异常情况、处理方法、处理结果、试验数据、分析建议等做一整理，记录应做到完整、正确、简明、实用，并及时整理归入设备管理技术档案台账。

八、C级检修的验收

(1)机组C级检修的标准项目不执行三级验收制度，由检修班组自检，电厂二级部门发电维护分厂复检合格即为工作结束。

(2)在检修过程中若设备更换事故备品，发生设备改造和设备异动项目，检修或改造结束后必须执行“三检”制，发电维护分厂复检合格及时提交三级验收单报电厂生产技术部终检。

(3)检修班组自检、发电维护分厂复检、生产技术部终检的三级验收制度，第一级由检修班组主任工程师或室主任签字，第二级由发电维护分厂负责人签字，第三级由生产技术部专业工程师或主任及安全监察部主任签字。

第九章 物资管理

电厂物资管理部门不同于社会上的物资流通企业。物资流通企业是独立的经营单位,属于社会流通领域。电厂的物资管理部门是企业的重要职能部门,是从事内部物资管理的部门,属生产领域。电厂物资管理工作与电厂生产息息相关,直接影响安全生产,影响到检修计划的工期。因此,电厂物资管理部门应确保生产维护所需的物资供应,防止伪劣产品进入,为枢纽安全运行服务。

为枢纽提供安全优质的服务是小浪底物资管理的目的,也是其出发点和落脚点。具体来说,应从以下几个方面做起:

(1)及时按品种、数量采购物资,保证生产物资供应的及时性,保证枢纽运行和电力生产不间断进行。

(2)采购中应择优选厂,比质比价,严格对所采购物资进行验收、维护和保养,保证其质量,提高枢纽设备的安全可靠性,防止事故发生,避免因设备停运造成水资源的浪费,提高枢纽社会效益和经济效益。

(3)依据国家法规和企业制度,对材料设备实行招标采购,引入有效的竞争机制,控制采购成本。

(4)充分利用市场信息,为枢纽运行推荐新技术、新产品、新材料,从而不断提高枢纽运行管理水平和机组运行可靠性。

小浪底水利枢纽工程以防洪(防凌)、减淤为主,兼顾供水、灌溉和发电,在治理黄河中占据重要的地位,小浪底水力发电厂作为河南电网中的骨干电厂,承担着重要的调峰、调频任务,因此对水工建筑物和发供电设备的运行维护及可靠性要求很高,相应地对物资供应能力的要求也较高。

第一节 物资管理机构及职责分工

小浪底水力发电厂的物资管理体系中涉及的主要单位(部门)包括生产保障部、生产部门、生产技术部、财务部等,涉及的主要工作人员有生产保障部全体人员,生产部门材料员、材料主管和负责人,生产技术部主任,财务部会计和主任。其中,生产保障部是物资管理的职能部门和归口部门,其人员组织结构和工作职责对小浪底水力发电厂物资管理流程起着重要的作用。小浪底水力发电厂物资管理相关人员工作职责如表 9-1 所示。

表 9-1　物资管理人员工作职责

部门	部门职责	岗位	岗位描述
生产保障部	物资采购管理	主任	物资采购合同及仓储管理
		副主任	协助主任完成物资管理
		计划员	生产物资计划编制和上报
		采购员	物资采购计划的询价、招标工作
		统计员	生产物资统计
		库管员	本库物资的收发及日常管理
		装卸工	库房物资装卸和库房设备维护
生产部门	生产物资的申请、领用和使用	部门负责人	确认相关物资需求计划
		材料主管	负责需求计划的审核，参与物资采购的评审
		材料员	本部门物资需求计划编制和领料
生产技术部	物资定额的审核	主任	负责审核全厂生产工作计划和编制事故备品定额
		专业工程师	参与物资采购评审和到货验收
财务部	存货、物资核算及控制	主任	审查月度物资供应和项目等的资金计划，并监督、考核其执行情况
		财务会计	对库存物资的稽核、核算管理
厂领导			物资采购计划的审批和物资采购报告的批复

生产保障部的主要职责有以下几方面：

(1)物资的采购供应管理。

(2)编制、报批和执行物资采购资金计划。

(3)组织物资采购的招标和合同办理。

(4)物资的验收入库、保管保养、发放及台账管理。

(5)编制上报物资统计报表。

(6)库存积压物资和废旧物资处理。

(7)组织制定、修订完善和执行物资规章制度。

(8)控制库存储备，减少流动资金占用。

(9)制定物资周转储备定额，执行事故备品储备定额。

(10)物资仓储管理。

小浪底水力发电厂生产部门是物资需求提出部门，负责向生产保障部提出物资领用需求和储备要求，并按实际需要从仓库领用物料。

生产技术部负责制定事故备品的储备定额。

财务部负责确定库存物资计价原则，定期对库存物资进行稽核，审核库存盘点报告及盘盈盘亏调整，负责库存物资报废的残值处理。

小浪底水力发电厂物资管理简要工作流程如图 9-1 所示。

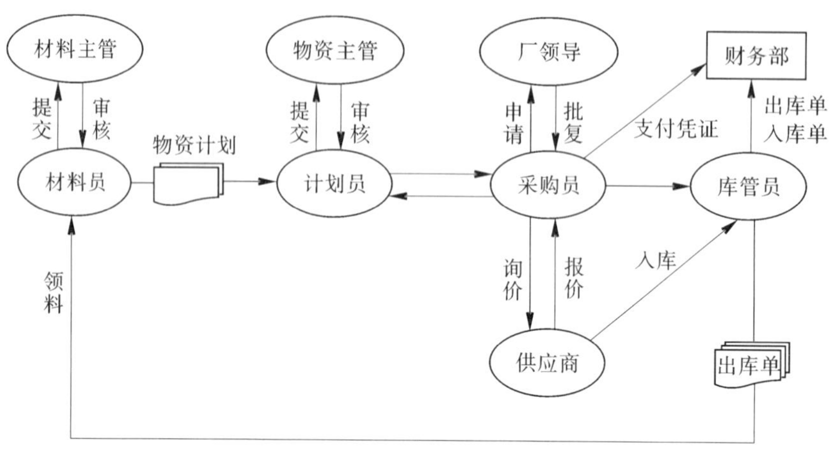

图 9-1　物资管理简要工作流程

第二节　物资计划管理

物资计划是电厂计划管理的重要组成部分，是搞好物资管理的基础，是提高物资管理水平的主要环节。物资计划是从发现物资需求开始，经过申请、综合平衡、采购、领用等，整个过程中所编制的各种计划的总称。

一、物资计划的分类

物资计划按计划种类分为年度计划、月度计划、临时计划、变更计划等。

（一）年度计划

年度计划是指各生产部门根据电厂年度生产计划及年度投资计划，在规定的时间内集中编制并上报的年度物资需求计划。对于技术通用、产品定型，且采购批量大、金额高的物资，小浪底水力发电厂在每年的 12 月 20 日前向上级主管部门集中申报。

（二）月度计划

月度计划是指各生产部门根据本部门具体生产计划进度和项目施工进度及现场生产维护需要，在每月的 25 日前编报的下一月份的物资需求计划。

（三）临时计划

临时计划是指生产单位因设备故障、突发事件及应急事件所需的物资需求计划，也称急需计划。急需计划实时编报。

（四）变更计划

因项目方案或生产计划变更，生产单位需要对原报需求计划进行修订调整，称为变更计划。

二、编制物资计划的依据

按照“科学、经济、合理”的原则编制各类物资计划，主要依据包括：

(1)年度综合投资计划。根据已批准的年度计划中安排项目的主要方案、工程量和设备材料清单进行申报。

(2)大小修工程计划。根据电厂年度审核、批准的检修计划安排物资供应内容和时间。

(3)电厂物资储备定额和消耗定额。

(4)历年物资消耗统计资料。

三、编制物资计划的要求

(1)物资需求计划包含以下内容:需求部门、使用部位、物资名称、规格型号、单位、数量以及要求的交货日期等基本信息。

(2)生产部门编制需求计划之前应准备好产品目录、图纸资料等,确保申请的物资能满足订货要求。对于非标产品应附有订货图纸、技术协议;对于重要的机电设备,如有必要应注明技术交底事项。

(3)物资需求计划根据工程项目性质分别编制,如大修工程、更新改造或技改工程等。

(4)生产保障部在汇总了各单位的物资需求计划后,需要进行“三核实”,即核实需求计划的物资品种、规格、数量是否与现场相符,核实库存资源、合同资源量、待验收入库量等所有资源,核实储备定额、事故备品量以及合理的库存结构。坚持“及时准确、集中批量”原则,经过计划人员的综合平衡后,编制合理的采购计划。

四、物资计划的执行、检查与总结

物资计划在执行中要注意及时发现和解决存在的问题,计划人员要经常深入现场、深入库房,重点掌握关键物资供需之间的变化情况,促使物资计划不断完善和顺利实现。

电厂生产保障部每年利用物资统计资料,对物资计划的编制、执行、实际履行等全过程进行认真分析总结,以提高物资计划的科学性和准确性。定期对物资计划进行考核和检查,主要的考核指标要求为:

物资需求计划上报率≥95%;

(物资需求计划上报率=上报计划数量÷实际采购数量×100%)

物资需求计划准确率≥95%;

(物资需求计划准确率=实际采购数量÷上报计划数量×100%)

合同执行率≥95%;

(合同执行率=合同已执行份数÷合同总份数×100%)

合同相符率≥98%。

(合同相符率=(1-实物误差数量÷合同总数量)×100%)

第三节　物资采购管理

电厂物资采购应遵循“适用、及时、可靠、经济”的原则。“适用”是指采购物资的品种、规格、质量、数量要适应现场生产的需要;"及时"是指到货时间安排要满足枢纽运行和电力生产的进度要求;"可靠"是指在采购中要以质量为先导,保障设备的安全可靠运行;"经济"是指在满足技术指标的前提下,以采购总费用最小的原则来组织采购。

一、物资采购分类

电厂物资的采购,由于需求的不同,大体分为以下三种:

(1)直接重购型。电厂为了生产的需要继续购买已经采购过的物资。这是例行的采购行为,采购部门通常只按照过去的采购清单向原来的供货单位订货。

(2)更改重购型。电厂由于异动或更新改造部分设备,需要更改某些采购物资的规格、型号或采购某些新的设备和配件,或者考虑变更供货商。

(3)全新采购型。为了增加新的功能或满足更新设备的需要,而首次采购从未购买过的材料、设备或装置等,并在市场里寻找新的生产厂家。

二、物资采购模式

电厂采购物资实行集中采购和分散采购相结合的模式。凡纳入集中采购范围内的物资,原则上都实行集中采购。小浪底水力发电厂目前的物资采购包括询价采购、招标采购、单一来源采购等多种方式。公开招标和询价成为小浪底物资采购的主要方式。

(一)询价采购

询价采购是指对几家供应商的报价进行比较,以确保价格具有竞争性的一种采购方式。对规格标准统一、市场货源充足且价格变化幅度不大的采购项目,一般采用询价方式采购。询价采购必须遵循以下原则:第一,询价用于采购现成的通用规格的物资,且相对金额较低;第二,邀请报价的供应商应不少于三家,且均符合资格条件;第三,每一供应商只许提出一个报价,而且不许改变其报价;第四,采购部门根据符合采购需求、质量和服务相等且报价最低的原则确定成交供应商。

(二)招标采购

招标采购是指物资部门作为招标方,事先提出采购的条件和要求,邀请众多供应商参加投标,然后按照规定的程序和标准一次性地从中择优选择交易对象,并与提出最有利条件的投标方签订协议的过程。

(三)单一来源采购

单一来源采购是指向供应商直接购买的采购方式。符合下列三种情形之一的可以采用单一来源采购:①采购的物资只有唯一的制造商和产品提供者;②发生不可预见的紧急情况不能或来不及从其他供应商处采购的;③就采购合同而言,在原供应商替换或扩充货物或者服务的情况下,更换供应商会造成不兼容或不一致的困难,不能保证与原有采购项目的一致性或者不能满足服务配套的要求,需要继续从原供应商处添购。

三、物资供应商管理

从小浪底水力发电厂生产实际来看,做好物资采购管理需要建立稳定可靠的供应商渠道。供应商既可以是生产制造企业,也可以是流通企业。由于电厂采购的物资种类繁

多,因此在供应商管理上采取了以下措施:

(1)对供应商进行合理的分类管理,将制造商与采购商分离,主设备供应商与零部件供应商分类等,做到有序管理;

(2)对供应商进行全面而有针对性的选择和评价,目前总共制定有五大项十二小项评价指标;

(3)除了通过考核和合同手段进行督促管理,也注重听取供应商的意见和建议。

小浪底物资采购管理部门与供应商的关系属于供应商网络型,在长期的选择和采购中,将综合实力比较优秀的供应商组成供应商网络或库,日常的采购主要在这些供应商库中进行。供应商网络的特点就是供应商与采购部门之间建立了长期的合作关系,实行优胜劣汰,定期评估、筛选、淘汰。

小浪底水力发电厂生产保障部根据供应商管理原则定期组织人员和有关部门对现有供应商进行评估工作。在对供应商从质量、价格、交货期、售后服务和履约能力等方面进行评估后,形成评估纪要,报电厂批准后,作为供应商数据库调整的依据。

第四节 物资仓储管理

仓储管理是保持物资价值和使用价值的重要手段,做好仓储管理工作,对保证电厂物资供应,提高企业的生产效率,具有十分重要的作用。在仓储管理过程中,物资接货、验收、入库、出库等一些基本环节工作是否顺利,关系到整个仓储管理工作的质量。

一、物资接货

物资接货是仓储活动的首要环节,一般在采购时需要约定到货地点和时间。在小浪底水利枢纽建设期间,小浪底的主要接货方式为留庄铁路专用线接货;枢纽竣工验收后,主要采用送货到库接货方式,少量为买方自提。

二、物资验收

物资到货后,需要按一定的程序和手续对物资的数量和外观质量以及有关技术资料、凭证和物资标志等进行检查,以验证物资是否符合合同规定。验收时需要具备以下凭证:订货合同、供货商提供的质量证明书、产品合格证、装箱单以及承运单位提供的运货单等。

实物验收包括质量验收和数量验收两方面。

质量验收是指对物资外观及内在质量的检验,确保到货物资质量符合规定要求,防止质次产品和不符要求的产品入库。质量验收,一般情况下指外观质量验收,验收员通过感官检查物资包装、物资外形装饰及物资本身是否损坏或污染,检验后作好检验记录,填写检验记录单。凡需要进行物理、化学性质检验的物资,应会同技术部门人员一同检验或提交有关试验机构完成。

数量验收是指根据合同、协议入库通告单、运货单、发货明细表的规定对到货物资的数量进行清点核实。

数量验收方法有:

(1)全检。对所有物资进行检验,一般情况下,数量不是很大时都应全检。

(2)抽检。采用抽样的方法对部分物资进行检验。一般抽查20%~30%,具体抽查比例应根据具体数量和实际情况而定。抽查中发现问题时,应扩大抽查范围或进行全检。

在实物验收中,如发现质量、包装不符合要求,应将不合格物资单独存放并妥善保管,及时与供货单位取得联系,力求尽快处理完毕。如发现数量不符,若损耗在规定磅差之内,仓库可按实际验收数量入库;若超过磅差,应及时向供货单位交涉处理,在此期间,不得动用该批物资,以备复验。凡属承运部门造成的物资数量短少、外观破损等,应及时填制索赔单,随同运输部门的货运记录,在规定的期限内向承运部门提出索赔。

三、物资入库

在物资验收合格后,根据合同和入库凭证,应办理入库手续。入库管理的主要内容是监理入库物资的明细账、物资卡片和物资管理台账。

仓库所有的物资都应建立入、出、存明细账。物资明细账是仓库用以记录和反映物资出入与结存动态情况的,也是核对物资账物是否相符的主要依据,要做到日清月结。

物资入库后,库管员应及时监理物资卡片。物资卡片是一种实物标签,上面标明库存物资的名称、规格、型号、价格、生产厂家、入库日期以及实存数量等信息。物资卡片一般直接挂在货位上,便于查找和核对。随物资一起入库的各类凭证,如产品合格证、运货单、入库验收记录等资料应作为技术资料妥善保管。

小浪底水力发电厂物资入库要求把好数量关、质量关,填写好入库单据,严格管理,确保物资入库的准确、及时、安全。

四、物资的保管保养

物资的保管保养是物资仓储管理的中心内容。库管员需要根据各类物资不同的性能特点,进行分区分类保管,以保证库存物资完好无损。

小浪底水力发电厂中心仓库共建设有五座库房,总的室内存储面积达到7 600 m^2。在对仓库进行分区分类管理的基础上,对电厂库房货位进行合理规划,并在每个库房设置了待验收区和领料区。在保管物资时做到了库、架、层、位四定位,账、卡、物、资金四相符,并进行五五码放,同一名称的物资按规格大小顺序排列,按"上摆轻下摆重,顶上摆不常动"的原则,物品摆成一条线,便于收发、盘点。每一库房应设有物资存放平面图,标明各类物资存放的区域,料架货位应设置类别标牌,以便识别,防止堆放混乱。存放的物资要达到"四无",即无丢失、无锈蚀霉烂变质、无损坏事故、无账外物资。对易燃、易爆物资设有专库存放、专人保管、定期检查。在敞篷库摆放的设备及物资,做好上盖下垫。定期检查垛位是否有积水、锈蚀现象,发现问题及时采取有效措施,保证完整无损。

五、物资定期盘点

根据电厂的物资管理制度要求,为了确保储存物资的数量正确无误,质量完好无损,保持账、卡、物相一致,生产保障部定期配合财务部门对在库物资进行检查和盘点。盘点的内容是查物资的数量、质量、保管方法、保管期限等。盘点策略分定期盘点和不定期盘点、全面盘点和部分抽查。季度盘点一般采用部分抽查,年度盘点和交接盘点采用全面盘点法。年度盘点由生产保障部组织,财务部门、审计部门参与。盘点应遵循实事求是的原则,盘点执行过程中应将物料账面数量信息与实物数量信息相分离,根据实物盘点数量编制盘点差异报告,并如实分析盘点差异原因。财务部根据盘点差异报告负责财务账面处理。

六、物资仓储考核

为了考核、评价物资仓储管理的质量和效果,衡量仓储管理水平,电厂制定了一套考核仓储工作状况的指标,以反映其工作质量的好坏。

(一)账、卡、物相符率

账、卡、物相符率是仓库清查盘点时,库存物资在品名、规格、厂家、数量等方面与卡片和台账上记录的相符笔数与储存物资总笔数之比。

账、卡、物相符率=账、卡、物相符笔数÷储存物资总笔数×100%

(二)物资保管完好率

物资保管完好率=(物资库存总量-保管不当的物资损耗总量)÷物资库存总量×100%

第五节　物资储备定额管理

库存物资储备应以满足电厂各部门生产、运行、维修等工作的物资供应需求为前提。在此前提下,根据经济合理原则,确定储备策略。

一、物资分类

(一)普通备品配件

普通备品配件包括计划检修和技术改造项目所需的备件、发生磨损需要更换的零部件以及日常消缺中更换的备件。

(二)事故备件

事故备件是生产中的关键备件,这些备件制造周期长或需用特殊材料加工,应根据设备发生故障的可能性及历年故障统计情况提前储备。此类备件实际耗用比例小,但必须落实到位。

(三)工器具

电厂根据生产管理模式,储备一定规格和数量的通用工具与专用工具。

(四)维护材料

维护材料指以上几类之外的、日常维护需要的材料物资,具有品种多、数量大、价值低、通用、市场供应充足等特点,如焊条、砂纸、钢管等,一般采取小额度、多批量的储备原则。

二、储备定额

备件是保证设备维修和稳定生产的前提,如果物资储备过少,会影响正常生产和设备及时修复,降低设备运行小时数和备用小时数。如果储备过多,可能长期闲置,还会锈蚀、老化和失效等,并造成资金积压。实行有效的物资储备策略,实现安全库存量,对及时消除设备缺陷、防止事故发生和加速事故抢修、缩短停机时间、提高设备健康水平、保证安全经济运行有着重要的作用。

小浪底水力发电厂在投产初期即建立了储备定额,因为储备定额不仅是编制采购计划的依据,还有以下作用:

(1)用于评价库存结构,明确超储和欠储物资情况,反映库存问题。

(2)有利于统一编制采购计划,实现经济批量采购。

(3)有利于物资管理系统自动比较实际耗用和定额差异,自动提示预警,缩短采购周期。

事故备件属于正常运行时不易磨损,检修中一般也不需要更换,但一旦损坏,将造成发供电设备不能正常运行,必须立即更换的备件。此类备件加工、制造周期长,价格高。小浪底水力发电厂事故备件定额由生产部门和生产技术部共同制定,根据设备技术状况,考虑制造厂家建议、行业内同类设备储备情况、停机影响和储备费用等因素编制,经过总工程师批准后执行。

三、零库存管理

在多年来的执行过程中,物资储备定额反映出的问题有:①定额没能针对关键备件,范围过全、数量过多,导致不可操作。②不能定期组织分析、总结和修订定额标准,使定额标准偏离实际情况。

电厂物资部门根据实际情况不断完善物资储备策略,对部分物资实施零库存管理。所谓零库存管理,即将计划性采购物资存于生产、采购和配送环节中,处于周转的状态,只有少量物资以仓储的形式存在,不是物资的储存数真正为零,而是通过实施特定的库存控制策略,实现库存量的最小化。事故备件、轮换备件适合定额管理,对市场供应充足、可即时购买的维护性材料原则上不储存,对采购困难或供应周期较长的物资,可备有适当的储存量。生产保障部需要及时比较实际耗用和定额差异情况,综合分析影响因素,逐步调整优化定额,要坚持先利用库存后采购,充分利用闲置物资,避免长期积压。对库存物资储备采取实时监控,根据物资管理系统提供的各计划物资清单、待领和未领清单等,及时检查储备情况,预防出现超储和缺货现象。

根据对小浪底水力发电厂2006~2010年的库存情况统计,总体库存金额从912万元减少至798万元,整体趋势比较合理。其中普通备品配件和消耗性材料的减少是控制库存水平、优化库存结构的主要原因。当然消化高库存需要一个过程,因为沉淀物资的周转机会较少。从库存情况来看,小浪底水力发电厂实施备件储备策略,已取得了显著效果。

第六节 物资管理信息系统

电厂物资的品种规格复杂、信息量大,而传统的物资管理工作采用人工的方式,填写各种表格、账册、凭证、卡片等文件,这种手工操作的方式,不仅浪费人力,而且效率低下,不便于查询,起不到辅助决策作用。随着电子商务和电厂内部信息化管理的兴起,各电厂纷纷建立了自身的物资管理信息系统,这对提高工作效率,加强物资的使用监督,提高管理水平等具有重要意义。

小浪底水力发电厂物资管理信息系统是一个相对独立、功能完备的信息系统,但同时也是整个电厂生产管理系统的一个重要子系统,由湖南艾因泰克科技股份有限公司于2006年开发完成并投入使用。该系统包括九个模块,即需求管理模块、采购管理模块、在库管理模块、入库管理模块、出库管理模块、合同管理模块、供应商管理模块、查询管理模块和系统管理模块。

一、系统特点

小浪底水力发电厂物资管理信息系统相对于目前国内物资管理通用软件,除具有物资管理的基本功能外,还具有以下特点:

(1)系统采用委托开发的方式进行,其中物资部门积极参与了系统的组织结构和工作流程以及报表设计,保证了系统开发后的适用性。

(2)管理流程化,从需求计划、采购计划到物资入库、物资领用等均具有较强的流程化控制。处理流程自定义,全面支持用户在需要的时候增加、修改处理步骤,使系统能够适应物资部门的流程调整。

(3)支持多种库存操作,包括验收入库、待验入库、发料、退料、外单位借料(内部调拨)、废料回收、报废、盘点等,支持库存报警,实现最低库存、最高库存上下限的控制及报警。

(4)能够对物资库存和计划以及出入库情况进行统计分析,实现对物资的计划、采购、仓储、领料、耗用等信息全过程监管。

(5)根据电厂整体使用终端分布复杂、使用系统及环境不统一的特点,系统提供B/S(浏览器和服务器结构)方式的解决方案,这样解决了终端维护困难、终端直连数据库存在安全隐患等问题,同时又满足了生产部门充分利用系统协同工作、数据共享的要求。

二、系统存在的问题

当然,受开发水平和思路所限,该系统存在一定程度的缺陷和滞后性:

(1)在系统物资分类方面,由于物资种类繁多,且涉及备品配件的管理,物资虽然进行了分类,但并未按照国家和企业标准对物资进行统一编码,而是由系统自动分配,不方便记忆和查找。

(2)物资的现场表示仍然采用物资卡片的方式,没有应用已经成熟的条形码技术来标示,在准确性和规范性上仍有待提高。

(3)系统的稳定性和容错能力仍有待提高。

第十章　枢纽防汛和大坝安全会商

第一节　枢纽防汛

一、枢纽运用

(一)枢纽运用期划分

小浪底水利枢纽是以“防洪(包括防凌)、减淤为主,兼顾供水、灌溉和发电,除害兴利,综合利用”为开发目标的枢纽工程。

小浪底水利枢纽运用分为三个时期,即拦沙初期、拦沙后期和正常运用期。拦沙初期:水库泥沙淤积量达到21亿~22亿m^3以前。拦沙后期:拦沙初期之后至库区形成高滩深槽,坝前滩面高程达254 m,相应水库泥沙淤积总量约75.5亿m^3。正常运用期:在长期保持254 m高程以上40.5亿m^3防洪库容的前提下,利用254 m高程以下10.5亿m^3的槽库容长期进行调水调沙运用。

小浪底水利枢纽目前处于拦沙初期,拦沙初期运用目标是按照设计确定的参数、指标及有关运用原则,考虑近期和长远利益,兼顾洪水资源化,合理利用淤沙库容,正确处理各项开发任务的需求,在确保工程安全的前提下,充分发挥枢纽以防洪、减淤为主的综合利用效益。

(二)枢纽调度运用方式

小浪底水利枢纽拦沙初期,在确保枢纽安全的前提下,充分考虑水库初期运用库容大、下游河道行洪输沙能力低、黄河水少沙多及水沙不平衡的特点,按水沙联合调度原则进行枢纽调度运行。

调度时段及主要目标如下:

每年7月1日至10月31日:防洪,减淤;

11月1日至次年2月底:防凌,减淤;

3月1日至6月30日:减淤,供水,灌溉。

小浪底水库调度单位为黄河水利委员会和黄河防汛抗旱总指挥部,电力调度单位为河南省电力公司,运行管理单位为小浪底水利枢纽建管局。水库调度、电力调度和运行管理单位应加强沟通,密切配合。

小浪底水库调度单位负责制定枢纽下泄流量及含沙量指标等,并及时下达调度指令,对调度指令的执行结果负责。调度指令分防汛调度指令和水量调度指令,由水库调度单位下达,运行管理单位执行。调度指令中明确时段、泄量等指标及误差范围,出库含沙量控制及控泄方式由运行管理单位根据枢纽实际条件和调水调沙要求确定。水库调度单位负责制订特殊情况下的应急调度预案,当需要启用应急调度预案,或突破规程规定运用时，由水库调度单位提出书面报告，报请上级主管部门批准后下达应急调度指令。

电力调度指令由电力调度单位下达。运行管理单位将与发电有关的水库调度指令及时通知电力调度单位，电力调度单位按“以水定电”原则制定发电指标，并及时下达电力调度指令。

运行管理单位严格执行调度指令，制订孔洞组合方案，满足调度要求，对枢纽建筑物的安全运行负责。运行管理单位如对调度指令有不同意见，在执行调度指令的同时可向有关部门反映。运行过程中若枢纽建筑物及设备出现重大安全问题，运行管理单位应及时采取相应的应急措施，并向水库调度单位和电力调度单位报告。

（三）枢纽蓄水运用条件

库水位上升限制条件：水库正常设计水位（同最高运用水位）275 m，最低运用水位一般不低于 210 m。根据土石坝蓄水特点和坝体稳定要求，水库按分级蓄水原则逐步提高允许最高蓄水位，260～265 m 和 265～270 m 水位级应持续不少于 3 个月的时间，每级水位蓄水运用的原型观测资料应及时汇总分析，在前一级水位运行检验稳定后，方可进行后一级水位蓄水运用。在防洪、防凌期遇特殊情况时，经上级主管部门批准后，允许短期突破，此时应加强枢纽建筑物安全监测，并尽快恢复到允许最高蓄水位以下。

库水位消落限制条件：库水位非连续下降时，日最大下降幅度不大于 6 m；库水位连续下降时，一周内最大下降幅度不得大于 25 m，且日最大下降幅度不得大于 5 m。

二、枢纽防汛运用

（一）防洪运用

防洪运用的任务是根据规划设计确定的枢纽设计洪水、校核洪水标准和下游防洪工程的防洪标准，在确保枢纽建筑物安全的前提下，减轻洪水对下游防洪工程的压力，保证下游防洪安全，兼顾洪水资源利用及水库、下游河道减淤。

防洪运用的原则是当下游出现防御标准（花园口站流量 22 000 m^3/s）内洪水时，合理控制花园口流量，最大限度地减轻下游防洪压力；当下游可能出现超标准洪水时，尽量减轻黄河下游的洪水灾害；当水库遇超过设计标准洪水或枢纽出现重大安全问题时，应确保枢纽安全运用。

枢纽防洪调度期为 7 月 1 日至 10 月 31 日，其中 7 月 1 日至 8 月 31 日为前汛期，9 月 1 日至 10 月 31 日为后汛期。根据黄河洪水季节性变化规律，水库调度单位考虑拦沙初期水库淤积特点，分别确定前汛期和后汛期的限制水位，目前前汛期限制水位为 225 m，后汛期限制水位为 248 m。考虑黄河洪水和径流的特点，7 月 1 日至 7 月 10 日，在综合分析来水情况并经上级主管部门批准后，可突破汛限水位运用。黄河洪水调度复杂，水库调度单位根据每年的具体情况逐年制订防洪调度预案，并及时通知运行管理单位；运行管理单位根据枢纽的具体情况和防洪调度预案制订防洪调度计划，并及时上报水库调度单位。

防洪调度按照国家防汛抗旱总指挥部批准的黄河洪水调度方案执行，但是黄河来水、来沙多变，预见期有限，在防洪调度期间，需要在调度预案的基础上，结合实时水沙情况，进行实时调度。

防洪运用方式如下：

(1)当预报花园口流量小于5 000 m^3/s、大于编号洪水时,原则上按入库流量泄洪;当潼关站实测为低含沙、小洪量编号洪水时,可短时超量蓄水。

(2)当预报花园口洪水流量大于5 000 m^3/s 时,需根据小浪底—花园口区间来水流量与水库蓄洪量多少,确定不同的泄洪方式。

①对以三门峡以上来水为主的"上大洪水",若潼关站实测含沙量小于200 kg/m^3,先按控制花园口站流量5 000 m^3/s 运用,待水库蓄洪量达到20亿 m^3 时,再按控制花园口站流量不大于10 000 m^3/s 运用;当潼关站发生含沙量大于200 kg/m^3 的编号洪水时,按入库流量下泄,并控制花园口站流量不大于10 000 m^3/s。

②对以三门峡—花园口区间来水为主的"下大洪水",在小浪底水库控制花园口站流量5 000 m^3/s 运用过程中,当水库蓄洪量尚未达到20亿 m^3、小浪底—花园口区间来水流量已达到5 000 m^3/s 且有增大趋势时,水库按不大于1 000 m^3/s 控泄;当水库蓄洪量达到20亿 m^3 后,开始按控制花园口10 000 m^3/s 运用;当小浪底—花园口区间来水流量大于10 000 m^3/s 时,水库按不大于1 000 m^3/s 控泄。

(3)当预报花园口洪水流量回落至5 000 m^3/s 以下时,按控制花园口5 000 m^3/s 泄洪,直到小浪底库水位回降至汛限水位以下。

(二)调水调沙运用

调水调沙运用的任务是通过水库对出库水沙过程进行调节,尽可能减少下游河道,特别是艾山以下河道主槽的淤积,增加河道主槽的过流能力。

水库调水调沙要考虑水沙条件、水库淤积和黄河下游河道的过水能力。调水调沙运用的原则是充分利用下游河道输沙能力,控制花园口站流量或小于800 m^3/s 或大于2 600 m^3/s,尽量避免出现800~2 600 m^3/s 之间的流量过程。

调水调沙的调度期运用贯穿于其他各个调度期之中。水库调度单位负责制订小浪底水库调水调沙调度预案,下达调水调沙调度指令,运行管理单位负责组织实施。

黄河来水、来沙多变,预见期有限,在调水调沙期间需要在调度预案的基础上,结合实际水沙情况,加强实时调度。同时在调水调沙调度中要做好和防洪调度的衔接,并尽量使三门峡水库和小浪底水库调度相协调。

调水调沙运用方式如下:

(1)调水调沙最低运用水位为210 m,调控库容不小于8亿 m^3。

(2)调控下限流量按控制花园口站流量不大于800 m^3/s 进行,调控上限流量按控制花园口站流量不小于2 600 m^3/s,历时不小于6天进行。

(3)当出库流量大于调控上限流量时,应及时打开排沙洞或孔板洞排沙,充分利用黄河下游河道的输沙特性,排沙入海,减少小浪底水库淤积。当出库流量小于调控下限流量时,以电站泄流为主,避免小水带大沙增加下游河道淤积。

(4)当潼关站含沙量大于200 kg/m^3、流量小于编号洪水时,应采用"异重流"、"浑水水库"等排沙运用方式。

(三)防凌运用

防凌运用的任务是在防凌期优先承担防凌蓄水任务,合理控制出库流量,避免下游凌汛灾害。

防凌调度期为每年的11月1日至次年2月底,特殊情况时,调度期顺延。

水库调度单位根据来水预报、下游河道可能开始封(开)河时段的气象预报,以及该时段内下游沿河地区用水、配水计划,编制水库防凌调度运用预案。运行管理单位负责制订小浪底水利枢纽的防凌调度计划,并按调度指令负责组织实施。

防凌运用方式如下:

预报下游河道封冻前一旬,水库按防凌预案确定的流量均匀泄流,维持下游流量平稳,避免小流量封河;下游河道封冻后,水库平稳减少泄流,逐步减小下游河道槽蓄水量,使下游流量不超过河道的冰下过流能力;开河期为进一步削减下游河道槽蓄水量,适时控泄流量,直至开河。

三、枢纽防汛管理

(一)防汛组织机构

防汛工作指导方针是"安全第一,常备不懈,以防为主,全力抢险"。防汛工作实行行政首长负责制和岗位责任制,统一指挥,分级负责。

小浪底建管局防汛指挥部统一指挥小浪底水利枢纽的防汛工作。小浪底建管局局长任指挥长,对防汛工作负总责;其他局领导及黄河勘测规划设计有限公司代表任副指挥长,协助指挥长负责职责分工范围内的防汛工作;小浪底建管局各部门(单位)主要负责人任防汛指挥部成员,协助分管副指挥长负责相关防汛工作,各部门(单位)主要负责人是本部门(单位)防汛工作的第一责任人。

小浪底建管局防汛指挥部下设办公室,负责防汛日常管理工作,协调、督察全局防汛工作。其主要任务有:负责制订全局防汛预案及防汛物资储备定额;审查局各部门(单位)的防汛预案;审查紧急防汛抢险项目;联系黄河防汛抗旱总指挥部,通报汛情信息,协调小浪底水利枢纽及西霞院反调节水库防汛运用方式。

小浪底建管局各部门(单位)负责责任区域内的防汛工作,按照小浪底建管局防汛预案要求,建立完善的防汛组织机构、防汛工作制度以及防汛责任制,编制防汛预案,确保防汛安全。小浪底建管局下属公司承担防汛任务的,由小浪底建管局以委托协议的方式予以明确,按照委托协议的要求开展防汛工作。

(二)防汛准备工作

每年3月15日前,小浪底建管局各部门(单位)应将本年度防汛预案(包括防汛组织、应急措施、防汛抢险队、防汛物资和设备等)报小浪底建管局防汛指挥部办公室审批。小浪底建管局防汛指挥部办公室在各单位防汛预案的基础上编制小浪底防汛预案,经小浪底建管局防汛指挥部审批后,于每年4月下旬印发。

各部门(单位)的防汛设施、设备检修维护工作计划应报送小浪底建管局防汛指挥部办公室,并按计划开展检修维护工作,要求在每年5月底前完成全部工作。各部门(单位)要完善内部防汛制度,分解落实防汛责任,组织防汛抢险队员进行必要的培训,不断增强防汛抢险能力。

每年5月底前,小浪底建管局与驻地部队进行联系,落实部队的抢险任务及联系方式;同时协调地方政府,做好库区防汛工作,确保小浪底水利枢纽具备设计蓄水条件。

每年4月下旬,小浪底建管局防汛指挥部办公室主持召开防汛预案审查会议,检查各单位防汛预案,相关部门及人员参加。每年5月下旬至6月上旬,小浪底建管局防汛指挥部召开防汛工作会议,检查部署本年度防汛工作,小浪底建管局防汛指挥部成员参加。

(三)防汛预警及抢险

在汛期,小浪底建管局实行领导带班值班制。小浪底建管局各部门(单位)实行24小时防汛值班及领导带班值班,及时通报汛情信息,全体防汛工作人员要保持通信畅通。

当枢纽管理区发生降雨时,小浪底建管局各部门(单位)要巡视检查责任区域(小到中雨时,每天巡查不少于1次;中到大雨时,每8小时巡查不少于1次;暴雨到特大暴雨时,每4小时巡查不少于1次),发现问题及时处理。

防汛预警由小浪底建管局防汛指挥部审批,由小浪底建管局防汛指挥部办公室发布。具体防汛工作三级预警标准如下:

(1)一级。预测潼关站流量将达到15 000 m^3/s、小浪底库水位将达到275 m或小浪底下泄流量将达到8 000 m^3/s时发布防汛一级预警,全体防汛工作人员在2.5小时内抵达小浪底枢纽管理区待命,做好抢险准备工作。

(2)二级。预测潼关站流量将达到10 000 m^3/s、小浪底库水位将达到270 m或小浪底下泄流量将达到5 000 m^3/s时发布防汛二级预警,全体防汛工作人员在4小时内抵达小浪底枢纽管理区待命,做好抢险准备工作。

(3)三级。预测潼关站流量将达到8 000 m^3/s、小浪底库水位将达到265 m或小浪底下泄流量将超过2 000 m^3/s时发布防汛三级预警,主要防汛工作人员在8小时内抵达小浪底枢纽管理区待命,做好抢险准备工作。

发布防汛预警后,小浪底建管局需加强与黄河防汛抗旱总指挥部的联系,及时通报汛情信息;及时通知地方政府封闭库区旅游;对责任区水面实施封闭管制,做好河岸安全警示措施,防止发生人员溺水事件;要加密巡查监测,发现异常情况及时向上级报告并处理;要随时准备防汛抢险。

发现险情后,责任单位应在10分钟内向小浪底建管局防汛指挥部口头报告,并立即按应急预案组织抢险;2小时内,将事件的基本情况和相关处理意见书面(传真)报送小浪底建管局防汛指挥部;8小时内向小浪底建管局防汛指挥部进行详细的书面报告;根据事件进展情况,及时进行后续报告。小浪底建管局防汛指挥部办公室应通知、协调相关部门(单位)按照应急预案要求,做好支援、配合抢险工作,责任单位的防汛抢险队应根据小浪底建管局防汛指挥部的指令,立即投入抢险。抢险工作结束后,各部门(单位)要全面总结抢险工作,于20日内上报小浪底建管局防汛指挥部。

(四)防汛物资管理

防汛物资实行集中管理,由指定的代储单位设置专库,储备防汛物资。小浪底建管局防汛指挥部办公室负责指导、监督代储单位开展防汛物资储备、保养、调拨工作。每年3月15日前,各部门(单位)将防汛物资需求计划报小浪底建管局防汛指挥部办公室,防汛指挥部办公室据此修订防汛物资储备定额,报小浪底建管局防汛指挥部审批。代储单位按审批意见采购,防汛办公室组织验收,于每年5月底前足额储备防汛物资。防汛物资储备采取实物储备和资金储备相结合的方式。代储单位要与物资供应商达成协议,确保紧急情况下的防汛物资供应。

防汛物资统一调拨使用，只能用于防汛抢险，不能用于日常生产、施工。发生防汛险情时，抢险单位及时提出物资需求计划（一般以书面方式提出，紧急情况下可口头提出），经审核批准后，由代储单位提供防汛物资，满足防汛抢险需要。抢险单位在抢险过程中，要认真统计用工用料；抢险结束后，要及时回收、归还防汛物资；对消耗、损坏的防汛物资，要及时办理消耗、报废手续。代储单位按审批后的防汛物资补充计划采购需要的防汛物资，防汛指挥部办公室组织验收。

（五）防汛督察及事故处理

小浪底建管局防汛指挥部下设防汛督察组，组长由分管防汛工作的局领导担任，成员由局有关部门人员组成。防汛督察组对小浪底建管局辖区范围内所有参加防汛工作的部门（单位）和个人进行监督和检查，对防汛工作不力的部门（单位）和个人进行批评并提出处理建议，对防汛工作不合格的部门（单位）提出整改措施并限期整改。

防汛督察工作内容如下：防汛责任制落实情况，防汛预案修订、完善情况，防汛相关制度完善情况，防汛工程项目建设施工情况，防汛设施设备检修维护工作情况，防汛物资采购、储备、保养、维护、使用管理情况，防汛抢险队组织及技术培训情况，汛期防汛值班情况，防汛指令执行情况，洪水期领导上岗到位、防汛队伍组织防守、查险情况，防汛通信、交通、医疗保障情况，发生防汛险情时相关单位抢险工作情况。

防汛督察组根据防汛工作需要，不定期开展防汛督察工作。防汛督察采用现场检查、调查、走访、资料检查、听取汇报等方式，对检查发现的防汛工作问题登记记录，并及时与责任部门（单位）交换意见，督促其限期整改完善，重大问题及时报局防汛指挥部，按局防汛指挥部指示开展工作。每次防汛督察结束后，及时编写防汛督察报告。

第二节　大坝安全会商

一、大坝安全会商机制的创立与发展

1999年10月，小浪底水库下闸蓄水，这标志着小浪底工程正式投入运用。作为这个规模宏大、被誉为世界上最具挑战性水利工程的运行管理单位，刚刚组建不到一年的电厂面临很大的压力和挑战。现有的近30位水工专业技术人员大都来自工程建设领域，缺少工程实际运行管理经验。如何管好小浪底工程，成为小浪底水利枢纽工程各级管理人员必须面对的严肃课题。

2000年11月，电厂领导经过一番缜密的考虑，决定成立以水工、监测、金属结构三个专业为基础的技术组，整合巡检、监测、运行维护各专业技术力量，搭建专业技术交流平台，及时研究解决枢纽运行中的各种技术难题和安全问题。技术专业组主要由水工分厂、监测中心、调度中心和生产技术部20位专业人员组成。

2000年12月，技术专业组成立后一个月，就组织召开了“小浪底大坝右岸渗水与大坝安全运行专题研讨会”，会议紧紧围绕枢纽运行当中急需解决的课题展开讨论，提出了1号排水洞F_1断层段加固、排水洞量水堰改造、单个排水孔排水量监测、坝后水塘水尺安

装和泥沙淤积加密监测等五项建议。这五项建议得到了小浪底建管局领导的充分肯定并全部付诸实施。这成为大坝安全会商的雏形。

2003 年 8 ~ 10 月，受华西秋雨影响，小浪底水库水位快速升高 40 多 m，枢纽迎来了蓄水以来最严峻的考验，技术专业组人员会同黄河勘测规划设计有限公司等单位的专家每天进行两次会商，并将会商结果通过小浪底建管局直接报送国家防汛抗旱总指挥部。

2004 年 10 月，面对小浪底建管局改革发展的新机遇，电厂成立了以主管水工工作的副厂长为组长的大坝安全监察组，制订了大坝安全会商制度，确定了大坝安全会商工作内容和程序。从此，大坝安全会商工作逐步走向规范，成为水利工程管理的一项新机制。

二、大坝安全会商工作程序

大坝安全会商工作程序具体如下。

（一）会商时间

大坝安全会商分日常会商和专题会商，两者也可以结合在一起进行会商。

（1）小浪底大坝日常会商：水库水位在 250 m 以上。

（2）下列情况下，要进行大坝安全专题会商：

①枢纽监测、现场巡视检查发现异常；

②调水调沙运用之前和结束以后；

③重要的补强加固、技术改造前后；

④库区发生大洪水或地震；

⑤其他情况。

（二）会商频次

（1）日常会商频次：小浪底水库水位超过 250 m 时，每月会商一次。

（2）当小浪底水库水位超过历史最高水位时，每天会商一次。

（3）专题会商可针对每个专题进行一次或多次。

（三）会商内容及资料准备

（1）会商内容包括所有影响大坝安全运行的因素，如内部观测、外部观测、巡视检查及枢纽运行中发现的问题。

（2）日常会商的资料由内部观测、外部观测、巡视检查相关责任人准备。

（3）专题会商的资料由专题相关责任人准备。

（四）会商组织

会商的日常组织工作由安全监察组副组长负责。

（五）会商记录

大坝安全监察组指定专人负责会商的记录和整理，形成简报后由电厂领导审定签发。

三、典型案例

回顾小浪底水利枢纽工程初期运用过程，工程出现的主要问题包括坝基和两岸坝肩基岩渗漏、坝顶下游侧纵向裂缝和部分预埋监测仪器失效等，这也是大坝安全会商的重点。这里以 2005 年 1 ~ 3 月的大坝安全会商为例，对大坝安全会商的内容作简要介绍。

根据大坝安全会商制度，大坝安全监察组于2005年2月22日、3月6日和3月21日召开会议，对枢纽安全运行状况进行了会商，内容汇总如下：

2005年1月26日～3月21日，库水位呈持续上升趋势，其中最低库水位为251.36 m(2005年1月26日)，最高库水位为256.81 m(2005年3月21日)，上升速率为0.10 m/d。4号排水洞渗水量为172 m^3/d，较2003年9月同水位条件下减少550 m^3/d；28号排水洞渗水量为276 m^3/d，较2003年9月同水位条件下减少265 m^3/d；30号排水洞渗水量为6 198 m^3/d，较2003年9月同水位条件下减少2 221 m^3/d；厂房顶拱渗水量为36 m^3/d，较2003年9月同水位条件下减少91 m^3/d。监测结果表明：大坝、两岸山体和坝基、进出口边坡、进水塔群、泄洪系统及地下厂房等建筑物工作性态稳定，未见异常。

2004年4月上旬，电厂发现副坝前F_{28}断层带附近库水集中向下渗漏，在漏水点投放200 kg高锰酸钾后，下游未见红水流出，随后技术处组织工程公司将漏水点处回填石渣挖除，仍未找到渗漏点。第二轮帷幕补强灌浆开始后，特意将此处作为沉淀池，想用灌浆废浆封堵漏水通道。为检验封堵的实际效果，2005年3月10日，电厂开始向副坝前抽水，发现该处仍然漏水，漏水总量约2 000 m^3/d，并有明显的集中漏水点出现。3月21日，电厂组织有关专家对此进行了专题会商，并建议通过示踪试验查找渗漏通道。

另外，会商小组根据2号排水洞U-143号排水孔渗水量较大且随库水位上升而增加这一情况，对左岸山体帷幕下游相关渗压计自2004年8月30日以来的观测资料进行了分析，结果发现位于帷幕下游、排水幕上游、F_{240}断层以北、4号交通洞南侧、安装高程为170 m的SP2-07渗压计，在库水位由225 m上升到235 m时，渗压测值增加了8.5 m，几乎与库水位同步上升。初步分析认为SP2-07在库水位225～235 m时渗压测值上升8.52 m，其下游U-143号排水孔渗水量也随之增大，两者具有较好的相关关系。SP2-07紧靠F_{240}断层，初步推测在F_{240}断层北侧影响带存在一条强渗水通道。因此，专家建议：由于当前正在进行的针对坝基渗水的帷幕补强灌浆向左只灌到F_{238}断层，应对F_{240}断层北侧帷幕进行局部补强灌浆。

第十一章 精神文明建设及党群工作

精神文明建设及党群工作是小浪底水力发电厂全部工作中的一个重要组成部分。水力发电厂党支部在小浪底建管局党委的正确领导下,不断加强自身建设,发挥党员的先锋模范作用、党支部的堡垒作用、工会组织的桥梁纽带作用、团支部的生力军作用,坚持党、政、工、团齐抓共管,有针对性地组织开展各项宣传教育、思想发动工作,激发广大干部职工的工作热情,帮助职工提高思想业务素质,促进了全厂政治文明、精神文明建设,为完成电厂各项工作任务,促进电厂持续、快速、有序发展提供了有力的政治保证和组织保证。

第一节 精神文明建设

波澜壮阔的事业需要激情四溢的闯劲和干劲,敢为人先的队伍需要伟大精神的鼓舞和呼唤。水力发电厂成立之初,在小浪底建管局党委、工会和团委的指导下,成立了党支部、分工会和团支部。针对小浪底工程由建设投入运行,到建管并重再到"管好民生工程,谋求多元发展"等不同时期的发展和改革的中心任务,水力发电厂党、工、团组织在小浪底建管局党委的领导下,在工程运行管理实践过程中,探索总结出一条精神文明建设之路,有力地保证了中心工作的顺利完成。

一、打造学习型组织,是夯实精神文明建设基础的有效途径

水力发电厂筹建之初,小浪底建管局就明确提出"人员要精干、高素质,一专多能,一岗多责,运行、维护一体化;机构、编制少而精,高效多功能,管理高水平,不设大修队伍;高起点,运行高度自动化"的要求。掌握电厂现代化的运行设备,管理好小浪底工程,让其充分发挥最大的综合效益,这是摆在电厂领导和职工面前的首要任务。要完成上述任务,首先要解决人的问题,只有打造一支高素质的干部职工队伍,问题就可以迎刃而解。电厂领导果断提出在电厂建立学习型组织,组织干部职工学习了北京大学光华管理学院张声雄教授的"建立学习型组织"的讲座,该讲座在干部职工中引起强烈的反响,同时也将工作学习化、学习工作化的理念根植于职工的心中,使之成为大多数职工的自觉行为。

小浪底建管局党委高度重视学习型组织建设,通过不同的媒介,采取多种形式开展学习型组织的教育活动。首先局党委统一领导,局领导以身作则,示范带动,按照每年年初制订的学习计划组织开展学习。电厂干部职工也多次听取了建管局组织的由中央、省委党校教授、专家进行的专题辅导,对重要理论、关键问题、形势政策的认识理解和把握逐步到位。电厂干部职工积极参加局组织的到发达地区、革命老区、先进单位、优秀企业进行的学习活动,学习和继承党的优良传统,借鉴他人的先进经验。坚持开展"三会一课"(即支部党员大会、支部委员会、党小组会、党课)活动,不定期召开各党支部书记会、党员学习会,与会人员结合思想认识、学习体会和工作实际,踊跃发言,相互启发。这些活动的开

展，收到了显著成效，大大提高了干部职工的综合素质，为小浪底水力发电厂的发展奠定了坚实的基础。

二、打造企业文化，是拓展精神文明建设领域的最佳方法

企业文化是企业在长期生产经营管理中形成的管理思想、管理方法、群体意识和行为规范的总和，主要内容包括企业使命、企业价值观、企业精神、企业道德、企业形象等，是一门以人为中心的管理科学，具有导向、凝聚、激励、约束等作用。

先进的企业文化是企业持续发展的精神支柱和动力源泉，是建设高素质职工队伍、促进人的全面发展的必然选择，也是企业提高管理水平、增强凝聚力和打造核心竞争力的战略举措，杰出而成功的企业必然具有强有力的企业文化。

小浪底工程是世界上具有挑战性的工程之一，建设小浪底工程不仅需要先进的技术和管理，更需要先进的文化做支撑。在工程建设期间，小浪底建管局针对当时条件艰苦、任务繁重以及全方位与国际接轨的特点，大力弘扬以"艰苦奋斗"、"爱国主义"为核心的企业精神，响亮提出了"两个五湖四海"、"在外国人面前我们是中国人，在中国人面前我们是小浪底人"等口号，极大地促进了工程进展，取得了工期提前、投资节约、质量优良的巨大成就。随着小浪底工程的投入运行，为充分发挥枢纽的综合效益，建管局领导又提出了"建设一流工程，培养一流人才，总结一流经验"的口号，倡导了"安全第一"、"公益性优先"的理念，确立了"维持黄河健康生命"的企业使命，形成了独具特色的小浪底工程建设和运行管理文化。

小浪底建管局企业文化已成为电厂干部职工共同的愿景，成为电厂干部职工的自觉行为。要管理好、运行好小浪底工程，除了要培养高素质的人才队伍，更要保证安全生产，安全生产是一个企业发展的基础保障。电厂定期不定期地召开安全工作会议，传达和贯彻落实小浪底建管局安全会议精神，电厂与厂属各部门、部门与班组、班组与个人层层签订安全目标责任状，将安全责任落实到人。通过采取定期进行安全大检查、安全知识教育培训和安全规程考试等措施提高职工的安全意识，通过实施危险源辨识与预控、标准化作业指导书等活动规范了职工的安全行为。为充分发挥党员在安全生产中的先锋模范作用，电厂党支部提出开展党员身边无违章活动，通过党员的带头和示范作用，"让安全成为习惯"已成为职工的自觉行动，确保了枢纽的安全运行和工程效益的发挥。2006 年 7 月 1 日，河南电网发生系统震荡，小浪底水力发电厂紧急启动安全应急预案，迅速反应、果断处置，为防止电网瓦解和恢复电网正常工作状态作出了重大贡献，受到华中电网、河南省电力公司和河南省直工委的表彰。

在培育队伍、保证安全的同时，还要培养职工负责、务实的工作态度，小浪底工程运行设备的分布呈现点多、面广的状态，各设备之间存在着关联。若要在日常的设备巡视检查工作中做到路线、内容和周期明确，不留遗漏和死角，及时发现异常，超前控制；在设备消缺维护工作、许可操作中做到精心操作、安全措施到位和设备检修精益求精；在故障处理工作中做到沉着冷静，果断处置，就必须大力培养职工的敬业精神，教育和培养职工养成良好的习惯，将精细化的理念根植于职工的脑海之中。

三、打造企业人本和谐，是实现精神文明建设腾飞的不竭动力

坚持人本理念。人本即以人为本，以人为本是科学发展观的本质和核心。落实科学发展观，必须坚持以人为本。坚持以人为本的重点内容之一就是要加强人才队伍建设，提高人才队伍素质。2004～2011年，小浪底建管局提出了“人才强局，科技兴局”战略，先后三次召开了全员参加的人才科技工作会议，对小浪底建管局人才开发和科研工作进行了全面规划和部署。近9年来，小浪底建管局全面落实会议精神，采取了很多有力措施：成立培训中心，加强对人才培养的组织管理；设立人才开发基金，用于人力资源开发，培养和引进高层次人才，奖励优秀人才；评选专业技术拔尖人才和优秀专业技术人员，并给予大力表彰；公开选拔专业技术干部，给予技术津贴，并实行动态管理；在水利系统率先开展了岗位知识能力体系建设，将全局工作岗位归类为56个专业，每个专业由牵头单位负责集中购买教材和组织学习，年底进行闭卷考试；鼓励职工个人针对各自领域发现的问题开展科研活动，并给予资金和政策的支持。通过个人申请，组织评审，建管局5名职工申请的科研课题得到了批准，5名职工经过努力，取得了成果，获得了认可和奖励，起到了示范带头作用，在建管局掀起了爱科技、学科技、创新的热潮。这些措施为人才成长搭建了平台，使职工干事有舞台，奉献有成就，发展有空间。如今小浪底建管局尊重知识、尊重人才、尊重创造的氛围更加浓厚，职工自主学习、岗位成才已蔚然成风，一批年轻的职工正茁壮成长，一些人走上了领导岗位，一些人成为技术骨干，成为所在专业的行家里手。

水力发电厂坚持贯彻和落实小浪底建管局的科学战略，科学管理和运用好小浪底工程，最大限度提高水资源综合利用效率；合理调度，始终保障黄河下游生态、生活和工农业用水，加大水土保持综合治理，绿化美化工区；为实现综合效益最大化，积极与河南省电力企业沟通和协调，积极配合小浪底建管局有关部门处理好与水利系统的关系；水力发电厂党支部注重职工的思想政治工作，积极倡导诚信、互助、友爱的人际关系；通过建立电厂定期访谈工作制度和现场办公工作机制，组织职工参加局长接待日活动和信息沟通交流会；积极为职工个人成长搭建平台、创造条件；注重加强人文关怀和心理疏导，引导职工正确对待利益得失，保持积极向上的心态，为小浪底建管局今天所具备的自然和谐、外部和谐和人与人的和谐作出了一定的贡献。

四、打造核心竞争力，是检验精神文明建设成果的具体体现

自电厂筹建以来，水力发电厂在小浪底建管局党委的正确领导下，取得了显著的成绩。在接机发电期间，全厂员工团结一心，顽强拼搏，自觉奉献，克服了“筹建时间短，定岗人员少，管理范围大，设备先进，技术复杂，特别是‘工程建设’与‘发电生产’任务交叉并重，时间紧、要求高”等重重困难和压力，以小浪底建管局“高起点、高标准”的要求为原则，从筹建到圆满接管6台机组运行投产，仅用了三年多时间。为进一步使管理工作规范化、标准化，水力发电厂提出了以科学管理、技术创新、综合效益、文明生产为目标的“一流水力发电厂”的创建工作，并于2003年年底通过中国电力企业联合会组织的验收，荣获“一流水力发电厂”称号。

自小浪底工程投运以来，实现了黄河12年不断流，同时在防洪、防凌、减淤和供水方

面取得了显著的效益,也为缓解河南省用电紧张局面及节能减排作出了积极贡献,水力发电厂三次获得河南省电力公司颁发的"满意电厂"荣誉称号,三次获得河南省电力监管专员办公室颁发的"安全生产先进单位"荣誉称号,是河南省"五一奖状"获得者和河南省"学习型组织标兵"等。伴随着企业的发展,职工个人的成长与进步也取得了丰硕的成果,电厂涌现出一大批水利部、河南省、小浪底建管局表彰的先进个人和享受技术津贴的生产技术人员。

然而,成绩只能代表过去,发展才是永恒不变的主题。小浪底建管局经过调研讨论,确立了"管好民生工程,谋求多元发展"的发展战略,不断做大做强水电企业,并在对外的发展中取得了显著的成绩。小浪底建管局领导认识到,能不能发展,主要取决于观念和思想,思想的落后和观念的陈旧是最大的阻力和绊脚石。为此,2010 年 9 月,小浪底建管局专门召开了"认清形势,解放思想,实现又好又快发展"的专题会议。水力发电厂组织职工通过自查和讨论,统一了思想认识,管理思路有了较大的提高。"米鼠理论"促进了观念的更新,饱食不思终究是死路一条;"木桶理论"促进加强管理的薄弱环节,改进自身的不足;"鲶鱼理论"形成内部激励机制;"火炉理论"强化了制度执行的权威性。

2011 年中央一号文件的发布和中央水利工作会议的召开,为水利事业的发展带来了前所未有的机遇。水利部党组又给小浪底建管局提出了"争当水利水电行业排头兵"和"六个一流"(即争创一流的工作业绩、取得一流的综合效益、建设一流的职工队伍、培育一流的企业文化、打造一流的水利水电品牌、形成一流的水利枢纽管理中心)的目标,水力发电厂会继续发扬优良传统,坚定理想信念,发挥政治思想的核心作用,努力实现这一目标。

第二节　党、工、团组织在枢纽管理中的作用

一、党、工、团组织的基本情况

1999 年水力发电厂党支部正式成立,下设机关、发电、水工 3 个党小组;2007 年根据电厂机构调整情况,支部党小组调整为机关、维护、运行、水工 4 个党小组。

2008 年 8 月水力发电厂按照《关于进行党支部换届选举有关事项的通知》(局党发〔2008〕20 号)及《关于支部换届选举有关事项补充通知》(局党发〔2008〕21 号)的具体要求和安排,按照程序进行了换届选举,选举产生了新一任党支部书记和党支部委员,下设机关、发电维护、运行调度、水工水电 4 个党小组。

截至 2010 年 12 月底,水力发电厂下设 4 个党小组,全厂共有党员 62 人,职工党员数占全厂职工总数(163 人)的 38%。

2000 年电厂分工会成立,选举产生了首届分工会委员会。2007 年 10 月根据《关于对分工会委员会进行换届改选的通知》(局工〔2007〕3 号),按照《中华人民共和国工会法》和《中国工会章程》的规定,电厂分工会进行了换届选举工作,民主选举产生了新一届分工会委员会、分工会主席及委员。

2001 年成立了水力发电厂团支部,选举产生了电厂团支部委员会。团支部成立时下

设机关、发电、水工 3 个团小组，2006 年 7 月调整为机关、维护、运行、水工 4 个团小组。

电厂党支部紧密围绕发展、稳定的各项工作实际，坚持“围绕生产抓党建，抓好党建促生产”的原则，坚持突出特色、打造精品、凝聚职工的工作思路，卓有成效地开展各项工作，大力营造健康向上的氛围；围绕中心促发展，突出特色强党建，创新文化带队伍，以人为本构和谐，努力培养和提升职工思想、道德、文化素质，充分发挥和调动职工的积极性、创造性，有效地促进了电厂政治、精神、物质文明建设的健康发展。

二、党、工、团组织在小浪底工程管理中的作用

（一）加强党支部的自身建设，不断提高党组织的凝聚力、战斗力

小浪底建管局党委始终高度重视党的工作，紧密结合工程建设、企业管理和改革发展的实际，不断强化和完善党建工作各项保障措施，强化组织领导，严格党建工作责任制，确保了全局党的各项工作顺利开展。同时，面对新形势、新任务、新要求，坚持以科学发展观为统领，按照党的建设科学化、规范化、制度化的要求，以打造“学习型”、“堡垒型”、“务实型”、“规范型”和“廉洁型”的“五型”党组织为主要抓手，科学架构全局工作思路和格局，着力推进党的工作不断迈上新台阶，取得新成效。

水力发电厂党支部按照小浪底建管局党委打造“五型”党组织的要求，结合新形势、新任务和新要求，从建立和完善制度入手，对水力发电厂党支部各项制度进行修订，形成《党支部制度汇编》，包含电厂党支部工作规则、电厂党支部联系点制度、电厂党支部组织发展制度、电厂党支部“三会一课”制度、电厂定期访谈工作制度、电厂现场办公制度、电厂党支部学习制度、电厂党支部民主评议党员制度（暂行）8 项管理制度，成为电厂党组织开展工作的“行为准则”和硬性规范。

按照小浪底建管局党委在电厂党支部开展标准化党支部活动阵地建设的方案，水力发电厂为党员活动室配备了桌椅、报刊、图书，安装了电视、DVD 播放机等现代化电教设备，做到党的旗帜、党员权利义务入党誓词、支部岗位职责、组织网络、奖励荣誉等“五上墙”。活动室良好的学习环境、现代化的电教设备、丰富的信息资料，开展的理论学习、“三会一课”、专题辅导、知识讲座、思想交流、专题论坛等活动，为党员活动提供了便利的场所。水力发电厂党支部以活动室为阵地，结合小浪底建管局企业文化建设和精神文明建设，拓宽思想政治工作渠道，经常在活动室开展党员干部、职工喜闻乐见的学习交流活动、纪念活动和庆祝活动，在丰富职工文化生活的同时，提高了职工文明素养。水力发电厂党支部活动室已成为政治学习的中心，思想教育的阵地，传授知识的课堂，参政议事的场所，弘扬党的先进性和示范性、增强凝聚力的窗口，促进了党的组织生活、思想政治工作的经常化、规范化、制度化，增强了党员群众对党组织的归属感和认同感，调动和激发了广大党员工作的积极性、主动性和创造性，党组织的凝聚力、战斗力得到了有效增强。

水力发电厂党支部认真组织党员学习小浪底建管局关于党风廉政建设的文件精神，积极开展正面宣传引导和反面警示教育，采取专题教育、以案说法、读书思廉等多种方式抓好廉政教育，筑牢思想道德防线。对水力发电厂负责的招标、物资采购、项目管理、设备维修等关键环节和重要领域，严格按照小浪底建管局制定的招标投标制度，建立评审专家库，随机抽取评审专家和监察人员，在评审的过程中，实施全过程监督。同时水力发电厂

还制定了从项目立项、审批、招标、项目实施、验收到结算的《计划管理实施细则》和《运行维护项目外委实施细则》,制定了计划、物资、合同管理工作“六戒”的警示制度,并摆放在管理人员和物资采购、合同管理人员的办公桌上,保证了各项反腐倡廉措施得到有效落实。“六戒”指:①违规对外使用电厂或本部门印章;②伪造合同、单据,作假账,虚签工作量,虚假验收;③在外兼职领取报酬或利用公职谋取私利;④擅自外借、租让、处理或以私人名义持有厂管资产;⑤私自接受供应商、承包商不正当赠送;⑥泄露电厂计划、预算、合同、物资采购、评标评议等机密。犯其中任何一戒,属外聘人员直接辞退,长期合同人员给予降级直至开除的行政处分。

(二)加强党员队伍管理,发挥党员先锋模范作用

为进一步加强思想政治工作,充分发挥党员的先锋模范作用,按照小浪底建管局的部署和要求,水力发电厂党支部以开展“一个党员干部一面旗帜、一个党员一个榜样、一个职工一个形象”(以下简称“三个一”)主题教育活动为契机,在工作上鼓励、生活上关心党员,促使党员在精细化管理工作中带头抓实抓细,全方位、多角度促进了党员先锋模范作用的发挥,提高了党员队伍的凝聚力和战斗力。

针对水力发电厂党员人数占职工总人数的38%,且绝大多数党员都是管理人员和技术骨干的实际情况,水力发电厂党支部紧紧围绕党依靠职工的方针,鼓励党员带头“创先争优”,发挥党员“领头雁”的作用,进一步丰富了“党员双岗”活动内容,在全厂党员中开展了以提高业务“一带一”、争创文明“一传一”、发挥作用“一争一”、技术革新“一创一”为内容的“四个一”活动,并在活动中不断创新活动载体,切实发挥党员的先锋模范作用。该活动收到了良好效果,使水力发电厂的思想政治工作迈上了新台阶。

建立和保持共产党员先进性教育长效机制,通过开展“党员身边无三违”(即党员身边无违章、无违纪、无差错)和“凝聚力工程”活动,发挥了党员的先锋模范作用;组织党员认真学习科学发展观等党的理论和重要思想,使广大党员坚定信念,不断增强责任感、荣誉感和使命感;严格执行发展党员“坚持标准、保证质量、改善结构、慎重发展”的十六字方针,注重在生产一线职工、管理和专业技术人员中发展党员,提高了党员发展的质量,在职工中收到良好反响。

(三)加强党员党性修养,积极开展建功立业活动

加强党员党性修养就是要不断加强学习,通过学习不断用理论知识武装头脑,通过实践锻炼,始终保持共产党员的先进性。

水力发电厂党支部采取了内容丰富、形式多样的学习方式,收到了良好的效果。首先在学习内容上,组织和要求广大党员学习党的重要理论、路线、方针、政策,党中央、水利部和小浪底建管局重要会议精神,模范党员的光辉事迹等内容;在学习形式上,以党小组为单位,采用党支部学习、党日学习、党小组每周学习等集中学习和个人自学相结合的方式,采取专家辅导、实地调研、座谈交流等多种形式,开通网络学习专栏、定期编发活动简报、举办专题学习辅导讲座、组织进行专题讨论会,开展互动性学习,延伸学习平台,拓展学习效果。

水力发电厂党支部注重发挥典型激励作用,不断树立各具特色的典型,组织优秀党员谈怎样为党旗增光;召开交流会,不同岗位的党员交流如何发挥党员作用;组织演讲会,谈身边共产党员的动人事迹，在职工中树立了党员的光辉形象，激发了职工爱岗敬业的热情。

水力发电厂下设4个党小组，各党小组积极响应小浪底建管局党委的号召，在水力发电厂党支部的带领下，为发挥党组织的凝聚力和战斗力创造性地开展工作。机关党小组利用自身管理和宣传上的优势，开展"说说身边好党员"活动，挖掘和宣传默默无闻、甘于奉献的好党员的先进事迹。发电维护分厂党小组坚持在机组大修中开展党员责任区竞赛，促进了党员先锋模范作用的发挥；水工分厂党小组开展放心岗竞赛，做到了精神文明建设与安全生产紧密结合，培养了职工的敬业精神，促进了安全生产和职工队伍素质的提高；运行调度分厂党小组要求党员带头学好操作技术，带头做好职工的培训工作，党员先锋模范作用得到充分发挥。

水力发电厂党支部还引导和教育广大党员立足本岗，尽职尽责，细心操作，认真巡检，自觉努力学习技术，为安全生产攻难关、解难题，充分发挥了党员的模范带头作用。发电维护分厂机械室的党员带头运用QC(质量控制)全面质量管理方法，认真分析、论证，解决了水轮发电机组推力轴承和导轴承油箱运行中甩油的生产难题；自动室的党员带头在电厂计算机监控系统的改造中，加班加点，放弃了休假，保证了改造的工期和质量。改造后的计算机监控系统连续稳定运行，表明系统改造是成功的，职工的技术是过硬的。

(四)围绕中心任务，充分发挥党、工、团的整体功能和作用

小浪底水力发电厂的中心任务是管理好、运行好小浪底和西霞院工程，在运行实践中培养造就了一支高素质的人才队伍，为水力发电厂"两个文明"作贡献，各级群团组织坚持以企业生产经营为中心，充分发挥各自特点，独立负责地开展了卓有成效的工作，并取得较好成绩。

管好民生工程的首要任务就是要确保小浪底水利枢纽工程安全稳定运行，充分发挥枢纽工程的综合效益。围绕安全生产，电厂党组织充分发挥思想政治工作的优势，以人为本，在职工的思想上做文章，从主观上提高员工的安全意识。在发电维护、运行调度和水工水电党小组中积极开展"党员身边无事故"、"党员身边无违章"和"党员身边无差错"的"党员安全责任区"以及"党员结对帮扶"活动，着力强化党员安全意识，号召全体党员发挥先锋模范作用，在遵守安全制度，确保安全生产方面作出表率。在"党支部目标化"管理中，定性和定量地设置安全生产所占的比重，将安全生产作为对党员的考核内容之一，把安全工作好坏作为党支部和党员创先争优的主要条件之一，从而把党员队伍培养成为企业安全生产工作的中坚力量。

电厂分工会积极围绕安全生产开展劳动竞赛、技术比武和合理化建议活动，提升员工业务技能和安全生产水平；组织员工开展"查隐患，找缺陷"、"我为安全献一计"活动，对安全生产中做出成绩的职工进行奖励；加强班组建设，对班组活动记录经常进行检查，对没有开展安全教育和培训的班组予以考核；在机组的大小修过程中组织管理部门为生产人员送水，积极开展"送温暖、保安全"活动。

电厂团支部围绕安全生产，开展了安全知识竞赛、撰写安全家书、制作宣传板报、利用小浪底建管局OA(品质保证)系统宣传安全知识等形式多样、职工喜闻乐见的活动，普及安全知识。通过丰富多彩的活动，激发员工的安全责任感，形成人人想安全、人人抓安全、人人保安全的良好氛围。

在确保中心工作顺利开展的同时，为丰富职工精神文化生活，水力发电厂党支部、分工会和团支部根据不同时期、不同季节，组织广大职工开展了丰富多彩、贴近实际、贴近生活、贴近群众的体育和文艺活动，组织元宵焰火游艺晚会、趣味运动会、冬季晨跑、户外拓展训练、漂流、球类运动会等类型多样的群众性文体活动，强健了职工体质，丰富了职工业余文化生活，激发了大家的工作热情，增强了组织的凝聚力。

第十二章　创建一流水力发电厂

为全面实现小浪底工程设备运行稳定可靠、全员劳动生产率高、社会效益显著、管理水平一流的总目标，满足小浪底工程在市场经济和电力改革中实现发展自我、提高企业整体素质和核心竞争力的要求，小浪底水力发电厂学习电力行业成功经验，实行自我加压，2000 年年初在水利行业中率先提出"实现安全文明生产双达标、创建一流水力发电厂、争做水利行业标兵"的工作目标。

对照电力工业部电安生〔1996〕572 号《电力行业一流水力发电厂考核标准（试行）》要求，小浪底水力发电厂抓管理、找差距，逐项落实整改任务，扎扎实实地开展"双达标，创一流"工作。经过 3 年多艰苦细致的工作，顺利实现了"一流水力发电厂"的创建目标。"一流水力发电厂"的创建使得小浪底水力发电厂安全基础更加牢固，设备运行更加稳定，企业管理更加规范，厂区面貌焕然一新，一个崭新的、安全的、富有生机和活力的水电明珠在小浪底冉冉升起。

第一节　发电企业"双达标，创一流"

一、发电企业"双达标"工作的提出背景

1988 年国家将电力部、煤炭部、石油部及核工业部合并成立能源部。针对当时我国发电企业（尤其是火电厂）管理水平低下、安全文明生产与国外电厂存在突出差距的实际情况，1989 年 7 月能源部在内蒙古呼和浩特召开电力生产工作会议，提出了在电力系统发供电企业开展安全、文明生产双达标工作的号召，并决定率先在火电厂组织开展，再逐步推广到水电厂和供电企业。由此，电力系统安全文明生产创水平双达标活动（简称"双达标"活动）正式提出，并于 1990 年正式出台了《火力发电厂安全、文明生产双达标标准（考核）》。

到 1990 年年底，能源部又决定有条件的网、省局可自行组织所属水电厂和供电企业开展"双达标"工作。与此同时，水电厂（站）安全、文明生产双达标活动亦同时开展，并出台了水电厂（站）"双达标"考核标准。

到 1993 年年底，"双达标"工作经过 3 年多的探索和实践，使整个电力系统的安全、文明生产水平得到了极大的提高，有力地促进了发供电企业发掘内部潜力，提升管理水平。实践证明，"双达标"工作已经取得了良好的经济和社会效果，确实是促进发供电企业"眼睛向内、挖掘潜力、加强管理、提高双效"的有效途径，可以向全系统进行推广。为了进一步搞好电力企业，能源部决定在发供电企业全面开展安全、文明生产双达标工作。

"双达标"活动的开展，使电力企业建立了严格的责任制、严格的规章制度，形成了严格认真的作风，促进发供电企业树立"用户至上，服务第一"的新观念，进而转换企业经营机制；依靠科技进步和劳动者素质的提高，不断提高发供电企业安全、可靠、经济、文明生

产水平,更好地为国民经济发展服务。

二、发电企业"创一流"工作开展情况

在1990年以前,全国火电厂设备跑、冒、滴、漏、停严重,生产现场脏、乱、差。在1990年后的几年间,全国一批又一批火电厂从设备治理入手,全员发动,苦练内功,奋力拼搏,把安全、文明生产"双达标"当做提高发电厂运行管理水平的"牛鼻子",通过实现企业安全、文明生产"双达标",有力地促进发电企业管理和安全、文明生产水平的大幅度提升。国内火电厂的面貌取得了明显的改变,为创建一流电厂打下了最基本和扎实的基础。

1993年,电力工业部在全行业开展"安全、文明生产双达标"的基础上,又把"双达标"活动及考核标准上延至新建电厂机组,即从设计、设备制造、施工安装到达标投产,称之为"基建达标移交生产"(又称"达标投产")。此项工作延续至今,为新建电源项目水平的提高,实现新机组投运(即投产营运)提供了坚实的保障。

在开展"双达标"活动的基础上,为了进一步提升电厂管理水平,挖掘生产经营管理潜能,提高企业效益,1993年电力工业部正式发文《开展创建一流火力发电厂工作的决定》,并同时拟定了《电力行业一流火力发电厂考核标准》(水电厂参照标准)。一批批电厂在"双达标"基础上乘势而上,深入开展"创一流"工作并实现了"一流电厂"的目标,使国内一大批发电厂达到或接近先进发达国家电厂的管理和效能水平。

1999年,在国内部分电厂创建一流的基础上,国家电力公司提出并拟定了《创建国际一流发电企业的工作及标准》(初稿)。随后,中国华能集团公司大连电厂、中国国电集团公司浙江北仑第一发电有限公司等几个主设备为进口设备的大型火电厂率先实现了创建国际一流的目标,为开创电力行业管理新局面做出了有益的探索。

2001年年底,国家开始对电力行业实施改革,推行厂网分开。随着国家电力公司的撤销和国家电网公司及五大发电集团公司的成立,以前由国家电力公司所承担的部分行政和行业管理职能在改革时未能及时明确,电力行业"双达标,创一流工作"失去了行政支持,开始进入行业自治和行业协会管理的松散组织状态。受厂网分开、电力行业市场化和电力行业去行政化的影响,"创一流"工作一度滑到无人问津的境地,部分已实现一流电厂目标的发电厂管理水平显著下滑,安全、文明生产水平明显降低。此外,由于从2002年起全国煤炭行业逐步实现了市场化,煤炭价格由企业根据市场供需情况确定,电煤价格自此呈现逐年攀升的态势。此时国家亦无有效行政手段对电煤价格进行干预,而"煤电联动机制"由于受宏观经济环境因素的影响又被迫搁置,致使全国火力发电厂先后陷入经营亏损境地。部分电厂由于连年亏损,经营状况每况日下,甚至已经累积到资不抵债的严重境地,已没有资金和精力保持管理一流的水平,更不用说再去创建国际一流电厂了。

目前,全国发电企业行政上为各发电集团内部管理,由于整个行业经营状况不佳,各发电集团管理上更侧重于如何提高经济效益,实现企业扭亏增盈,对管理形式创新并不热心。所以,电力行业管理创新工作以中国电力企业联合会为主导,通过行业协会的形式开展。当前,新一届中国电力企业联合会理事会以科学发展观为指导,结合发电企业面临的困境,正在着力制定和推行创建"资源节约型、环境友好型"的"两型"发电企业,逐步引导发电企业走上节约发展、健康发展、和谐发展的新道路,为企业摆脱困境、国民经济健康可

持续地发展提供有力帮助和支持。

第二节　“双达标，创一流”目标的提出

小浪底工程是我国第一个建设管理体制全方位与国际接轨的水利工程。水利部党组在小浪底建管局成立之初就提出了“建设一流工程、总结一流经验、培养一流人才”的枢纽建设管理指导思想。遵循这一建设思想，小浪底建管局 1996 年成立电厂筹备处，1999 年 1 月正式挂牌成立小浪底水力发电厂，负责枢纽运行、维护和管理。在 2000 年年初，小浪底水利枢纽工程首台水轮发电机组投产发电后，电厂的领导者们就开始深入思考如何使现有人员在尽可能短的时间内，适应电力系统生产管理模式，形成有小浪底特色的管理体制和机制，高标准地完成水利部党组和小浪底建管局领导提出的建厂工作目标等方面的问题。经过慎重的考虑和反复论证，电厂领导班子一致认为，作为一家新投产的水力发电企业，尽管在行政上隶属于水利行业，但在水电站运行上，特别是在电站运行管理上，完全可以借鉴电力系统成功的管理经验为我所用。学习借鉴电力系统成功开展“双达标，创一流”的做法，一方面可以使电厂年轻职工尽快适应电力生产企业的管理模式，加快年轻人岗位成才步伐；另一方面可以高标准地完成小浪底水力发电厂接机发电和枢纽运行管理任务，一举两得。

由国内其他一流电厂的创建经验可以看出，开展“双达标，创一流”工作，一方面可以提高电厂设备的完好率和利用率，使安全稳定运行提高到一个新水平，管理工作上一个新台阶，经济效益有明显增长；另一方面，可以促进电厂深入挖掘内部潜力，提升人员素质，促进优秀人才脱颖而出。为了实现企业快速发展，人员迅速成长的良好工作预期，小浪底水力发电厂在 2000 年年初第一台机组投产之际就确立了“双达标，创一流”的工作目标。

在小浪底建管局 2001 年工作会议上，又将水力发电厂“双达标，创一流”作为全局的重要工作进行了部署。随后电厂在 2001 年职工大会上正式提出了实现“双达标，创一流”的规划：2001 年为环境、设备整治年，2002 年实现“双达标”，2003 年达到一流电厂标准，并通过验收。

第三节　“双达标，创一流”工作开展

为了能够顺利实现既定的工作目标，水力发电厂全厂上下齐心协力，积极行动，周密安排，精心部署，一方面从健全创建工作组织机构、完善激励约束机制、制定整改标准、确定阶段性目标、狠抓重点工作落实等方面着手开展工作，另一方面积极引进和利用社会资源。考虑到电厂现有人员中没有“双达标，创一流”工作的相关经验，电厂主动邀请了有关专家传授“双达标，创一流”知识，介绍有关经验，聘请兄弟单位有关人员牵头，帮助开展创建工作。通过多方共同努力，小浪底水力发电厂“双达标，创一流”工作很快就走上了正轨。

根据创建工作的进度情况，水力发电厂在征得中国电力企业联合会有关专家的认同后，将 2002 年“双达标”和 2003 年实现一流工作进行合并，于 2003 年年初完成“双达标，创一流”工作的验收，由中国电力企业联合会为小浪底水力发电厂颁发了“一流水力发电

厂”证书。

小浪底水力发电厂“双达标,创一流”主要开展的工作有以下几个方面。

一、健全组织机构

思想为先导,组织是保证。早在2000年7月,小浪底水力发电厂就成立了兼职的“双达标,创一流”工作组织机构,由厂长兼任领导小组组长,班子全体成员为副组长,各二级部门主要负责人为领导小组成员,领导小组办公室主任由生产技术部主任兼任,具体负责处理日常事务,安排、督促“双达标,创一流”的各项工作。由于水力发电厂当时正处于水轮发电机组安装调试的高峰期,全厂的主要精力全部集中在如何做好接机发电工作,导致“双达标,创一流”工作进展情况不够理想。

到2000年年底,水力发电厂已经完成3台水轮发电机组的安装调试工作,正式投入商业运行,还有3台水轮发电机组正在进行安装和调试,没有投入商业运行。为了避免出现“一手软、一手硬”的情况,保证接机发电工作和“双达标,创一流”互不干扰和有效衔接,必须在厂内明确专门工作机构分工负责,确保两项工作齐头并进。

2001年2月,水力发电厂正式成立了“双达标”领导小组及专职的“双达标,创一流”办公室(以下简称“达标办”),下设设备整治组、企业管理组、文明生产和环境治理组、精神文明和企业文化组四个工作组,全面负责“双达标”任务的计划、检查、监督和落实工作。从各部门抽调能力强、业务精的同志担任达标办的工作,聘请兄弟单位有经验的专家来厂指导工作。2002年6月,小浪底建管局领导还指定局经营管理处作为电厂“双达标、创一流”的直接管理、协调部门。这些措施的实施,有力地保证了“双达标、创一流”工作的顺利进行。

二、完善考核机制

参照《一流水力发电厂考核实施细则》,结合水利行业特点和小浪底水力发电厂的实际情况,水力发电厂制定了一套完善的“双达标,创一流”考核细则,并根据生产管理实际情况进行了两次修订,以更好地适应工作需要。在考核细则中,在对电厂日常行政管理、生产管理、安全生产、设备物资管理和经营管理进行考核的同时,专门列出“双达标,创一流”考核一项,将需要限期整改的项目,统一按月进行考核。

改革厂内奖金分配办法,根据不同工作岗位的安全风险、工作难易程度、工作压力大小等确定不同的奖金分配系数,实施差别化奖金管理;为更好地落实“双达标,创一流”工作,将每个部门月奖金的30%作为考核专项奖金,依据考核情况进行相应的奖惩。在考核过程中,加大考核力度,严肃考核纪律,确保考核工作落到实处。同时,为增强各部门责任意识,特别制定风险抵押金制度,激励和引导全厂各级人员高度重视“双达标,创一流”工作。

为使“双达标,创一流”工作深入人心,争取更多的支持和理解。一方面,电厂在厂内进行了广泛的宣传和思想发动,邀请华中电网专家为职工进行专题讲座和现场指导,提高了大家对“双达标,创一流”必要性、重要性和迫切性的认识;利用各种载体和机会向职工介绍“双达标”知识,开展两次“双达标”知识竞赛,在全厂形成了“双达标从我做起”的良好工作气氛。另一方面,组织向小浪底建管局领导和有关部门进行“双达标,创一流”工作专题汇报，赢得局领导和局内兄弟部门的一致认可，在上级领导和各部门的支持与帮助下，小浪底建管局多次召开电厂“双达标”工作协调会，解决工作中遇到的困难和问题，为“双达标，创一流”工作的顺利实施创造了有利的条件。

三、明确阶段目标

系统规划，统筹兼顾，保证落实。为了保证“双达标，创一流”工作思路清晰、方向正确，有重点、按步骤科学合理地开展，电厂达标办制定了详细的工作规划。规划针对水力发电厂建厂时间短、施工与生产并行、设备缺陷多、生产区域整体环境还很不理想等特点进行编制，明确各项工作的时间节点，明确责任部门和具体责任人。根据“双达标，创一流”的总体规划，水力发电厂组织人员对照原电力工业部颁发的《水力发电厂安全文明生产达标与创一流规定》查找与一流电厂之间的差距。依据分析对照得出的结论，电厂达标办认为有必要将“双达标，创一流”分为两个阶段来组织实施，每个阶段各有侧重。

第一个阶段(2001 年全年)是全面整改，重点突出，打好基础阶段。达标办组织全厂各二级部门开展拉网式的检查、全面综合治理。2001 年 3 月，经全厂检查、统计汇总出各类缺陷共计 222 项，明确了设备运行尚不稳定，发供电设备、金属结构和水工建筑物渗漏问题比较严重，电厂生产管理标准化尚未健全，生产现场环境还较差等几方面的重点工作。

第二个阶段(2002 年全年)为全面实施目标管理，逐步向一流电厂迈进阶段。实现“双达标，创一流”是电厂 2002 年工作的中心任务。在总结 2001 年工作经验的基础上，2002 年电厂全面实行目标管理责任制。2002 年年初，电厂在考核细则的基础上，制定完善的目标考核责任制，并与各二级部门负责人签订目标责任书，落实部门整改和设备治理责任。电厂达标办将水力发电厂创一流考核细则的要求逐项进行分解，下达 3 批次共 449 条目标计划，在计划中根据各二级部门责任分工将整治责任落实到每一个部门，并提出明确要求，要求各二级部门按照一流电厂的要求逐项对照检查、查漏补缺，限期完成。电厂达标办按月进行考核，考核结果与风险抵押金挂钩，考核实行一票否决制。

四、重点开展设备治理和环境整治

“双达标，创一流”是一项系统工程，必须坚持统筹兼顾，实施重点突破，带动一般。2001 年小浪底水力发电厂“双达标”工作重点为落实“四个到位”、抓住“一个重点”、实现“三个突破”。“四个到位”即为认识到位、组织到位、项目落实到位、整改措施到位；“一个重点”为设备整治，按照一流电厂“无人值班、少人值守”的标准，对设备整治一步到位；“三个突破”为地下厂房至机组段的设备整治和环境治理、进水塔设备整治和环境治理、完善闸门监控系统功能。2001 年共计下发“双达标”计划 214 项，按时完成 191 项，完成率 89.3%，基本完成年初制订的“双达标”计划。2002 年，邀请有关专家进行两次实地检查指导，全面启动各项整改工作，启动申报准备工作，待条件具备后，向中国电力企业联合会申请对小浪底水力发电厂进行一流电厂考核、验收。通过两次检查，中国电力企业联合会专家共提出 5 大部分，57 小项内容需要在申报前完成整改。

在设备整治过程中，针对“双达标”工作开展初期查出的共计 222 项机电、金属结构设备隐患和需要技术改造的项目，按照各隐患形成的原因，设备整治组配合机电处将其分为四类进行处理：第一类为责任方是电厂，并由电厂负责实施的项目；第二类为责任方不是电厂，但需要电厂配合实施的项目；第三类为责任方不是电厂，但应由电厂实施的项目；第四类为责任方不是电厂，也不需要电厂实施的项目。在整改过程中，结合工程建设和设备整治互相交织的实际情况，安排技术力量参与监理工程师的工作，掌握机组安装进度、质量等情况，做到重点了解设备的状态和安装过程，为设备整治奠定基础；深入安装现场，和安装单位一起解决施工中遇到的问题，同时发挥电厂人员计算机水平高的优势，帮助安装单位进行计算机监控系统调试等工作，保证设备投运后即可达到一流水平，减少后期整治工作量；参加施工进度计划和设计图纸的审查，并提出合理化建议，确保施工按进度完成。

"三漏"（指漏油、漏水、漏气）治理是"双达标，创一流"过程中的又一重点。通过普查，在电厂开始实施"双达标，创一流"工作初期，发电设备密封点 117 504 个，渗漏点 172 处，水工金属结构密封点 14 188 个，渗漏点 103 处，全厂渗漏率达到 2.08‰，要在一年内实现渗漏率小于 0.2‰的目标，困难是可想而知的。为此，水力发电厂专门成立了"三漏"治理领导小组，多次召开专题会议进行研究、部署。采用走出去、请进来的办法，努力学习兄弟电厂的"三漏"治理经验；结合机组大小修及发电低谷时间安排"三漏"治理；把治理任务承包到分厂、班组甚至到个人，限期完成，逐级验收、按时考核并与奖金挂钩；采用新材料、新工艺，甚至更换设备等手段彻底地解决"三漏"问题。通过全体职工近两年的共同努力，渗漏点消除到 13 个（严重漏点 0 个），全厂设备综合渗漏率降低到 0.10‰，满足一流电厂验收条件。

在环境治理方面，从"双达标，创一流"工作的主体部位——厂房、进水塔、孔板洞中闸室等部位的环境治理打开突破口，清除了厂区大量的工程废弃物；改善进水塔、中闸室、厂房等处的通风条件，彻底解决金属设备的结露问题；对全厂电缆进行了全面整治，补全电缆标志，并重新登记，按电缆防火技术规范完成电缆孔洞封堵和隔离防火封堵等工作；对厂区所有的照明设施（包括事故照明）进行了维护与试验，实现了照明系统的自动控制；完成了设备编号、管路介质流向标示、设备规范着色以及设备防腐等工作；补全了各类孔洞盖板；制定了卫生管理标准等一系列文明生产管理制度；要求施工单位现场施工结束后，做到工完、料净、场清。为解决渗水问题，小浪底建管局专门请水工专家来工地会诊，成立灌浆部，对大坝帷幕进行补填灌浆，列单项工程对 F_{28} 断层等进行处理，采取上堵、下排、中间疏导的方式减少厂房、中闸室等部位的漏水。经 2002 年年初水库高水位验证，目前小浪底工程的渗水问题已经得到了有效的控制，满足枢纽稳定以及环境治理要求。

五、完善管理体系

管理是一个企业的灵魂，是企业永恒的主题。提升自身管理水平，实现生产管理与电力系统的接轨是小浪底水力发电厂开展"双达标，创一流"工作的主要原因之一。

为快速提升电厂管理水平，做到凡事有章可循、凡事有人负责、凡事有人监督、凡事有据可查，小浪底水力发电厂结合自身实际和企业长远发展的需要，参考国内其他一流电厂的先进经验以及《水力发电厂安全文明生产达标与创一流规定》中关于企业管理方面的有关要求，修订和出版了企业生产、安全、经营、行政、劳动人事等方面的管理制度及岗位规范和工作标准，共 6 册 267 篇 35 万余字；修编并出版了运行规程、检修规程、水库调度规程、大坝和水工建筑物观测规程、金属结构系统规程等共 7 册 51 万余字。通过这些制度和规程的制订和修编，小浪底水力发电厂从标准化管理的角度具备了"一流电厂"的软实力，保证了电厂在安全管理、生产管理、经营管理和行政管理几个方面站在一个很高的起点上。

建立完善的安全管理体系，使小浪底水力发电厂的安全管理工作逐步走向标准化、规范化的轨道。按照电力企业安全管理工作规定，电厂共计编写各种安全管理制度 50 余篇，建立健全了安全保障体系和安全监察体系，认真落实安全生产责任制，实行了安全分级控制等，切实做到了各级领导在安全管理上思想到位、组织到位、责任到位、工作到位。

建立健全完备的生产管理、班组管理和设备管理体系，进一步提高设备健康水平。班组是企业的细胞，班组管理水平的高低是能否实现企业管理水平的关键。为实现班组管理标准化、规范化，电厂专门下发了《班组建设标准》，要求班组对照标准制定内部管理制度；高度重视班组长的选拔和任用工作，让优秀人才有充分发挥的空间；聘请有经验的老职工充实班组力量，开展传帮带活动以提高班组整体水平；加强岗位培训，做好设备运行维护等工作。为改变新建电厂图纸、资料不全，设备管理混乱的现状，电厂收集整理设备图纸、资料，建立健全设备履历台账。通过计算机 MIS 系统，实现资源共享。

认真执行设备缺陷管理制度、彻底消除设备缺陷，切实做到机组安全运行的重大缺陷不过班，一般缺陷不过周。严格设备检修管理，提高机组运行稳定可靠性，坚持"计划检修与状态检修相结合，应修必修、修必修好"的原则，认真执行设备检修管理制度，坚持检修质量三级验收制度，严把设备检修质量关。2002 年安排 5 号、6 号机组各大修一次，其他机组小修两次，全部机组达到检修后一次启动并网成功，实现了考核年度内不发生设备临检，提高了设备等效可用系数。加强技术监督，认真开展设备评级，全面了解设备健康水平，2002 年年末电厂发电主设备完好率为 100%，一类率为 93%；辅助设备完好率为 95.7%，一类率为 93%；全厂"两措"计划完成率为 100%。

六、吸收外单位管理经验

为了使"双达标，创一流"工作少走弯路，尽快见效，小浪底水力发电厂从自身实际需要出发，与东北电网白山电厂结为友好电厂，从白山电厂借调两批次总计 10 余人来该厂从事生产管理和"双达标，创一流"的工作；任命白山电厂支援建设的同志分别担任达标办主任、生产技术部副主任、安全监察部副主任、运行室主任工程师等职务，帮助开展相关创建工作和建章立制工作；针对没有相关创建经验的实际情况，小浪底水力发电厂邀请华中电网有关专家对全体干部职工进行《水力发电厂安全文明生产达标与创一流规定》的宣传贯彻。

小浪底水力发电厂聘请中国电力企业联合会专家担任"双达标，创一流"顾问，对小浪底水力发电厂的"双达标，创一流"工作进行帮助和指导；邀请中国电力企业联合会水电分会、华中电网水电协会和河南省电力协会有关专家组成咨询专家组，分别于 2002 年 5 月和 9 月对小浪底水力发电厂"双达标，创一流"工作开展现场咨询，提出相应的整改意见和整改措施，根据专家们提出的咨询意见及时调整创建整改工作方式等，有力地促进了"双达标，创一流"工作顺利开展。

第十三章　职业健康安全管理体系认证

第一节　职业健康安全管理体系认证前期准备工作

一、职业健康安全管理体系认证的提出

2003 年水力发电厂实现“一流水力发电厂”的创建目标以后，为促使电厂管理水平进一步提升，2004 年电厂提出了开展 ISO 9000 质量管理体系的认证工作。小浪底建管局批复意见认为可以将 ISO 9000 质量管理体系、ISO 14000 环境管理体系和 OHSAS 18000 职业健康安全管理体系一并开展，以降低经济成本，提高认证效率，实现一体化管理。2005 年，电厂对 ISO 9000 质量管理体系、ISO 14000 环境管理体系和 OHSAS 18000 职业健康安全管理体系（OHSAS18000 职业健康安全管理体系国家标准为 GB/T 28001）三个标准体系进行研究分析后，认为为充分发挥体系认证对实际工作的指导性和实效性，先期开展职业健康安全管理体系的认证工作符合电厂的工作实际，职业健康安全管理体系的认证可以提高电厂的安全管理水平，控制危险源和事故风险，也符合小浪底建管局“加强内部管理，提升管理能力”的总体思路，并将开展职业健康安全管理体系的认证工作作为2005 年的一项重要工作内容列入电厂年度工作报告。

2005 年 5 月，电厂向小浪底建管局报送《关于启动职业健康安全管理体系认证的请示》，并制定了职业健康安全管理体系初步规划，经批复同意后正式启动职业健康安全管理体系认证工作。

二、协作单位及组织机构确立

按照体系认证程序，认证企业宜先聘请认证咨询机构对企业进行认证咨询，咨询机构为企业提供体系理论培训、文件编制指导、专业指导和认证指导等工作，同时应初步选定认证审核机构。

2005 年 7 月，电厂通过方案比较，最终确定认证咨询机构为中电力企业管理咨询有限责任公司，认证审核机构为中电联认证中心，并分别与两家单位签订了服务合同。

2005 年 8 月，电厂成立职业健康安全管理体系贯标领导小组和工作小组，同时任命了管理者代表。贯标办公室设置在安全监察部，工作小组组长由安全监察部负责人担任，成员为安全监察部成员，同时从生产单位抽调专人加入工作小组，协助贯标的日常工作。贯标工作小组的主要职责是：

（1）编制贯标工作计划，制定各项目标、方针，组织编写各项文件、报告，收集所需文件材料。

（2）协调咨询机构、认证机构做好现场指导和审核工作。

(3)参与体系诊断、策划、设计、运行、审核各个阶段工作,组织协调电厂各部门开展贯标工作。

(4)做好贯标宣传,组织贯标文件学习,组织并参加贯标培训工作。

(5)组织各项贯标工作会议、文件讨论。

(6)监督体系运行、纠正改进等工作。

(7)组织和协调内部审核和外部审核工作。

三、体系认证工作规划

贯标工作小组成立后,编制了体系认证工作内容及进度计划表,并按照工作计划开展工作(具体实施时间根据具体情况有所调整)。体系认证的工作安排及期间各部门的工作任务如下。

(一)准备阶段

1. 咨询公司

◇ 与企业进行有效沟通;

◇ 宣传职业健康安全管理体系认证的意义;

◇ 向企业介绍咨询认证过程,介绍有关合同中双方具体的责任和义务;

◇ 进一步了解企业的组织和人员结构、管理状况等基本情况;

◇ 给企业提供准备阶段所需的各项支持性工作。

2. 电厂领导

◇ 评审咨询合同;

◇ 召开贯标会议,宣布开展贯标工作,统一各级领导思想;

◇ 批准成立贯标工作领导小组,明确人员和职责权限,为贯标认证工作提供必要的人力和物力资源;

◇ 批准成立贯标工作小组。

3. 贯标工作小组

◇ 拟定宣传工作内容和策划宣传活动;

◇ 利用各种宣传工具(板报、标语、网络、知识竞赛等方式),开展宣传工作;

◇ 成立贯标工作领导小组,明确人员和职责权限;

◇ 成立贯标工作小组,确定工作小组组长及组员,明确职责权限,工作落实到具体部门和人员。

4. 基层人员

◇ 学习 GB/T 28001 标准相关知识;

◇ 了解本企业建立职业健康安全管理体系的意义;

◇ 明确自己在贯标工作中的位置,积极配合做好贯标认证工作。

(二)体系设计准备阶段

1. 咨询公司

◇ 分析企业需求及企业管理现状:了解企业的认证需求,对内部组织结构、职责划分、业务流程改进、员工管理意识、管理成本等方面的需求等,通过对企业现状的初步了解,初步决定实现目标所需要的时间、内容及初步方案。

◇ 安全体系诊断:根据 OHSAS 18001 标准要求对企业现有管理体系进行细致的全范围诊断,以全面详细地了解企业的业务流程、部门和活动之间的接口。在诊断的基础上,提出改进建议,并进行详细的体系改进的方案设计。

◇ 推行准备工作:根据诊断结果,咨询小组将协助企业推行准备工作,包括书面任命管理者代表,规定管理者代表的职责,成立贯标领导小组、贯标办公室。

◇ 必要时,根据企业的文化特点,辅导企业召开贯标动员大会。

◇ 与企业共同拟订详细的咨询计划。

2. 电厂领导

◇ 配合咨询公司做好调研工作;

◇ 必要时,召开贯标动员大会;

◇ 确定详细咨询计划,并签字认可;

◇ 批复贯标工作考核和激励相关办法。

3. 贯标工作小组

◇ 配合咨询公司做好调研工作,向咨询师提供所需资料,反映相关情况;

◇ 必要时,召开贯标动员大会;

◇ 建立贯标工作考核和激励的相关办法;

◇ 与咨询公司一起拟订详细的职业健康安全管理体系贯标咨询计划,明确各阶段的主要工作内容、时间、进度及工作任务。

4. 基层人员

◇ 配合咨询公司做好调研工作;

◇ 必要时,参加贯标动员大会;

◇ 继续学习 GB/T 28001 标准相关知识。

(三)基础培训阶段

1. 咨询公司

◇ 开展各项内容的培训,包括:①现代企业管理基础知识;②OHSAS 18001 标准培训;③OHSAS 18001 体系整合培训;④体系的建立与保持培训;⑤体系文件编写培训;⑥过程识别,危险源辨识相关知识培训。

◇ 协助企业编制相关考试材料。

2. 电厂领导

◇ 参加相关培训,如管理体系标准培训、体系的建立与保持培训等;

◇ 批复考试材料。

3. 贯标工作小组

◇ 组织并参加各项培训;

◇ 编制相关学习材料(最好是既有职业健康安全管理体系知识又有联系企业实际的内容);

◇ 编制考试材料,进行阶段性考核。

4. 基层人员

◇ 参加相关培训;

◇ 参加相关考试。

(四)体系设计阶段

1. 咨询公司

◇ 在充分调研的基础上进行 OHSAS 18001 管理体系设计,要求设计后的体系既符合 OHSAS 18001 标准要求,又与水力发电厂的特性有机地融合起来;

◇ 协助企业制定职业健康安全方针;

◇ 协助企业确定组织机构和职能分配;

◇ 设计管理体系文件构架。

2. 电厂领导

◇ 制定职业健康安全方针,并在相关职能和层次上建立职业健康安全目标、指标;

◇ 确定电厂组织机构和职能分配。

3. 贯标工作小组

◇ 拟定安全方针,并在相关职能和层次上建立安全目标、指标;

◇ 拟定电厂组织机构和职能分配;

◇ 拟定"部门职业健康安全管理职能分配表"。

(五)体系建立阶段

1. 咨询公司

◇ 协助企业选定文件编写人员;

◇ 指导企业进行危险源辨识与评价;

◇ 指导企业进行法律法规识别与评价;

◇ 指导企业编写职业健康安全初始评审报告;

◇ 协助企业制订文件编制计划;

◇ 确定程序文件清单;

◇ 对体系文件的编写进行现场辅导;

◇ 对在体系诊断中发现的不合格或薄弱环节有针对性地建立监控程序;

◇ 在编制程序文件时一并设计记录表格;

◇ 组织文件讨论;

◇ 审查修订文件。

2. 电厂领导

◇ 批准改进方案;

◇ 批准改进后的职业健康安全管理体系,调整部门、岗位以及相关的职责、权限;

◇ 协助抽调文件编写人员;

◇ 审批和发布管理体系文件。

3. 贯标工作小组

◇ 根据确定的"部门职业健康安全管理职能分配表"选定贯标工作人员和文件编写人员;

◇ 进行危险源辨识与评价、法律法规识别与评价工作；
◇ 编写职业健康安全初始评审报告；
◇ 制订文件编制计划，规定文件编写的具体要求；
◇ 确定程序文件清单；
◇ 编写各种文件：管理手册、程序文件、作业指导书、表格记录；
◇ 对在体系诊断中发现的不合格或薄弱环节有针对性地建立监控程序；
◇ 在编制程序文件时一并设计记录表格；
◇ 组织文件讨论；
◇ 审批和发布文件；
◇ 制定文件发布运行后的具体目标、责任和运行要求。

4. 基层人员

积极配合贯标工作中的各项工作。

（六）体系实施阶段

1. 咨询公司

◇ 对各部门主管以上人员进行一次集中培训，讲解体系运行的要求和方法，以便他们了解有关的文件要求及体系评价的要求，为安全体系的运行和评价做好准备；
◇ 协助企业制订具体的实施工作计划，明确步骤和方法；
◇ 现场指导体系的试运行工作；
◇ 指导文件修订。

2. 电厂领导

◇ 召开管理体系文件发布大会；
◇ 厂长宣布贯标认证工作的重要性，宣读批准令；
◇ 管理者代表对如何实施管理体系文件，提出具体的目标、责任和控制要求等。

3. 贯标工作小组

◇ 召开管理体系文件发布大会；
◇ 将体系文件发放到各个相关部门和人员手中；
◇ 组织各部门认真学习管理体系文件；
◇ 组织对各部门主管以上人员进行一次集中培训；
◇ 按文件要求实施运行，留下必要的证据；
◇ 对各部门的实施情况进行检查，并对检查结果进行相应的改进；
◇ 根据体系运行检查的结果以及各部门文件实施的情况，对文件就其适用性进行修订。

4. 基层人员

◇ 各部门主管培训本部门人员；
◇ 按体系文件要求进行工作，并作好各种记录。

（七）体系评价和改善阶段

1. 咨询公司

◇ 进行内审员培训并考试，考试合格者颁发内审员证书；

◇ 指导第一次内部审核;

◇ 协助企业进行第二次内部审核;

◇ 指导编写不符合报告;

◇ 依据审核结果编写审核报告;

◇ 协助企业进行顾客满意度测评和分析;

◇ 协助企业管理层对建立的体系进行一次管理评审;

◇ 指导企业完成不符合项的关闭工作;

◇ 指导企业进行后续纠正和改进工作。

2. 电厂领导

◇ 对建立的管理体系进行一次管理评审,评价体系的充分性、适宜性、有效性,所提供资源的充分程度,提出应采取的纠正和预防措施;

◇ 组织企业进行后续纠正和改进工作。

3. 贯标工作小组

◇ 组织内审员培训,并考试,考试合格者颁发内审员证书;

◇ 编制内部审核计划;

◇ 在咨询公司的指导下组织第一次内部审核;

◇ 开展第二次内部审核;

◇ 编写内审检查表;

◇ 编写不符合报告;

◇ 对体系运行中发现的问题组织有针对性的整改活动;

◇ 完成不符合项的关闭工作;

◇ 组织后续全面纠正和改进工作,如:制订工作目标及评价方法,定期评定、分析不足,进行改进。

4. 基层人员

◇ 积极配合各项体系运行工作;

◇ 按体系文件要求进行工作,并作好各种记录;

◇ 对运行及内审中发现的问题进行整改,完成不符合项的关闭工作。

(八)符合性审核

1. 咨询公司

◇ 组成审核组;

◇ 编制符合性审核计划;

◇ 进行符合性审核;

◇ 编写检查表;

◇ 指导企业完成不符合项的关闭工作。

2. 电厂领导

◇ 组织符合性审核工作;

◇ 组织整改工作和关闭不符合项。

3. 贯标工作小组

◇ 组织符合性审核；

◇ 制定整改措施，关闭不符合项。

4. 基层人员

◇ 接受符合性审核；

◇ 关闭不符合项。

（九）审核阶段

1. 咨询公司

指导企业做好迎接审核准备工作。

2. 电厂领导

◇ 组织企业接受审核；

◇ 组织现场审核后的整改工作，关闭不符合项。

3. 贯标工作小组

◇ 向第三方认证机构提出认证申请；

◇ 组织迎接审核培训；

◇ 组织企业的审核工作；

◇ 组织现场审核后的整改工作，关闭不符合项，并形成报告；

◇ 领回认证证书。

4. 基层人员

◇ 接受审核培训；

◇ 接受第三方审核；

◇ 关闭不符合项。

第二节　职业健康安全管理体系认证工作开展

一、编写程序文件

根据贯标认证工作安排，贯标工作小组在中电力企业管理咨询有限责任公司的协助下，于2005年8月组织全厂职工开展了体系宣传贯彻，培训了各二级单位共29名内审员。随即开展了职业健康安全管理手册和学习手册的编写、职业健康安全方针和管理目标的确定、搜集整理完善法律法规文件库、根据电厂实际情况编写体系程序文件、开展危险源辨识和风险评价等工作。贯标工作小组共编写了15项管理及控制程序，分别为：

（1）危险源辨识、风险评价控制程序；

（2）法律、法规和其他要求控制程序；

（3）能力、意识和培训管理程序；

（4）沟通和协商管理程序；

（5）文件管理程序；

（6）安全生产控制程序；

(7)有害作业和劳动保护控制程序;

(8)特种作业控制程序;

(9)外包工程控制程序;

(10)应急准备与响应控制程序;

(11)绩效监测控制程序;

(12)事故、事件处理和调查控制程序;

(13)纠正和预防措施控制程序;

(14)记录控制程序;

(15)内部审核控制程序。

中电联认证中心2006年6月5日对电厂申报的职业健康安全管理体系文件进行了审核,提出15条修改意见,电厂进行了修订完善。

二、开展危险源辨识和风险评价

(一)组织机构

开展危险源辨识和风险评价是职业健康安全管理体系中最重要的环节。为此,电厂成立了职业健康安全危险源辨识与风险评价工作小组(OHS评价小组),小组成员由安全监察部全体成员和其他部门兼职安全管理人员组成。在OHS评价小组的指导下,电厂安全监察部、生产技术部、办公室、财务部、生产保障部、发电维护分厂、水工分厂和水电供应部根据职业健康安全危险源辨识和风险评价计划,分别成立了各部门的危险源辨识与风险评价小组,并组织本部门(下属各室、部门)进行危险源辨识和风险评价活动。各部门评价小组成员由本部门的管理人员和生产骨干人员参加,形成部门的危险源辨识和初步风险评价结果,并制订了风险控制措施计划。

(二)工作范围

危险源辨识和风险评价的范围覆盖电厂所有生产作业、经营活动和管理活动的全过程,包括:电厂生产经营活动中所有生产、非生产活动,所有接近和进入工作(服务)场所的人员(包括外委项目施工承包方、临时工作人员和参观者)的活动,工作(服务)场所的设施(无论是本厂所有还是其他相关方所有)。

(三)采用的方法

危险源辨识主要运用"工作安全分析法"和"基本分析法"、现场观察法来进行,同时借鉴本单位和同行业以往发生的事故、行业的规定、作业文件的安全注意事项、较为成熟的安全检查表或安全评价表的内容,形成"小浪底水力发电厂职业健康安全危险源辨识(调查)登记表"。风险评价是分析危险源导致危险事件发生的可能性和后果,主要采用直观分析法,必要时也可采用半经验半定量评价法"作业条件风险评价法(LEC)"进行分析。

(四)工作程序

电厂各部门的危险源辨识与风险评价小组指导其下属班组根据电厂《危险源辨识与风险评价导则》进行危险源辨识与风险评价,并对下属班组已辨识的危险源进行审核,补充未辨识出的危险源。在此基础上形成本部门"OHS危险源辨识汇总与风险评价表",并上报电厂职业健康安全危险源辨识与风险评价工作小组。

电厂职业健康安全危险源辨识与风险评价工作小组对各部门上报的危险源辨识和初步风险评价结果、风险控制措施计划进行审核,并对经确定的重大风险因素制订了专项管理方案或控制措施。

三、实施风险控制

电厂 OHS 评价小组在各部门自查、自评的基础上,根据重大风险因素确定原则进行审核,形成《小浪底水力发电厂 OHS 不可容许风险及控制措施清单》,制订出需要在本年度内完成或控制的重大风险因素的具体控制措施或管理方案,确定主要责任部门、相关责任部门以及完成时间。各责任部门按照电厂外委项目管理办法落实项目方案。OHS 评价小组会同有关职能部门、责任部门对风险控制措施进行跟踪、检查和监测,所采取的风险控制措施未达到预期效果的,OHS 评价小组组织相关部门进行原因分析,重新制订控制计划并实施,直至达到预期效果。

四、内部评审

2006 年 2 月,电厂和中电力企业管理咨询有限责任公司对电厂职业健康安全管理体系认证工作开展情况组织了初次评审,对全厂的职业健康安全管理状况进行了详细的调查,对职业健康安全管理体系法律法规遵循情况进行了调查,并将电厂现有的管理制度、文件与 GB/T 28001—2001 标准进行了对照检查。通过调查基本摸清了电厂的职业健康安全管理现状,提出了存在的问题和进一步完善的建议。贯标工作小组和各二级部门按照意见进行进一步落实和整改,对材料进一步补充完善。

2006 年 8 月 15 ~ 17 日,电厂、中电力企业管理咨询有限责任公司在厂内组织了第一次内审,共分两个审核组对 201 项内容进行了审核检查。根据内审情况,审核组提出 9 项不符合项和观察项,第一次内审认为对不符合项和观察项进行整改后,电厂的职业健康安全管理体系基本具备外审条件。电厂根据不符合项和观察项制定了纠正和预防措施,经整改落实并经过审核组验证后,电厂提出外审申请。

2006 年 9 月 19 日,电厂内部组织进行了管理评审,管理者代表对管理体系在本厂的运行情况以及取得的效果和存在的问题作了全面的总结,提出了对管理体系改进的建议。

五、外部审核

根据电厂申请,中电联认证中心于 2006 年 6 月 27、28 日对电厂的职业健康安全管理体系进行了初次审核,并提出 15 个不符合项,电厂安排进行了整改。

2006 年 9 月 25 ~ 27 日,中电联认证中心对小浪底职业健康安全管理体系认证工作开展情况进行了第二次审核,提出 8 项不符合项,无严重不合格项,电厂进行了整改。经认证中心对整改结果进行审核确认,认为小浪底水力发电厂从管理到控制各方面符合 GB/T 28001—2001 职业健康安全管理体系标准要求,同意电厂通过职业健康安全管理体系认证。2006 年 11 月,中电联认证中心正式向小浪底水力发电厂颁布了职业健康安全管理体系认证证书。

六、总结

电厂贯标认证工作经过管理体系的策划、培训、体系设计、体系建立、体系实施、体系评价和改善、符合性审核等阶段，制定了管理方针、目标，确定了各部门在管理体系中的职责和权限，编写了管理手册、15 个程序文件及相关的记录和表格，开展了危险源辨识和风险评价工作，共识别出了危险源 1 132 项，评价出不可容许风险 13 项，评审出适用的法律法规和其他要求 172 项等，通过组织制定整改措施和关闭不符合项，顺利通过体系认证审核。

小浪底水力发电厂通过开展职业健康安全管理体系认证使电厂安全管理工作进一步规范、科学和系统，促进了电厂安全管理水平的提高。

第十四章 西霞院电站生产准备

第一节 西霞院工程概述

一、工程简介

黄河小浪底水利枢纽配套工程——西霞院反调节水库(以下简称西霞院工程),位于黄河干流中游河南省境内,坝址左、右岸分别为洛阳市的吉利区和孟津县。其上距小浪底工程16 km,距洛阳33 km,下距郑州145 km。

西霞院工程是历次黄河流域治理规划及1997年6月国家计委和水利部审定的《黄河治理开发规划纲要》中所确定的三门峡至花园口河段开发的梯级工程之一,也是小浪底水利枢纽的反调节配套工程。

西霞院水利枢纽总库容1.62亿 m^3,土石坝最大坝高20.2 m,混凝土段最大坝高51.0 m,电站装机140 MW,是一座具有日调节性能、调节库容为0.452亿 m^3 的反调节水库,其开发任务是为小浪底水库进行反调节,并结合发电,进一步完善小浪底水利枢纽所承担的供水、灌溉和发电等综合利用任务。当小浪底水电站按设计要求每日进行调峰运行时,将引起下游河道30~50 km范围内出现7~8小时以上的断流,对沿河两岸工农业引水和下游河道控制工程、河势稳定等均带来不利影响。西霞院反调节水库的建设,将显著地提高小浪底调峰发电效益,并可解决调峰运行与下游河段的工农业用水和环境用水的矛盾,对充分发挥小浪底水利枢纽的综合利用效益,具有不可替代的作用。

西霞院水库装机4×35 MW,年发电量5.83亿kW·h,并可为水库下游7.5万 hm^2 耕地的灌溉用水及洛阳市石化基地的工业供水创造有利的条件。西霞院工程可以作为黄河向北引水的一个引水口门,为黄河向北供水提供了有利条件。

西霞院工程泄水、排沙、发电建筑物集中布置在右岸滩地,两侧布置复合土工膜斜墙沙砾石坝。

枢纽建筑物从左至右依次为左岸土石坝、河床式电站厂房、排沙洞、泄洪闸、王庄引水闸、右岸土石坝、坝后灌溉引水闸、下游右岸防护工程等。

二、工程开发目标

西霞院工程作为小浪底的配套工程,其开发目标以反调节为主,结合发电,兼顾供水、灌溉等综合利用。

(一)反调节

小浪底水利枢纽工程已经建成,电厂将承担河南电网的调峰任务,其下泄的不稳定流将对黄河小浪底—花园口河段的工农业引水、河道水质和生态环境、河道整治工程安全等带来不利影响。修建西霞院工程,利用其0.452亿 m^3 的有效库容,对小浪底水利枢纽下泄的不稳定流量进行反调节,不但可消除小浪底下泄的不稳定流对下游造成的各方面不利影响,而且可使小浪底水库的综合利用效益得以充分发挥,具有很大的社会、环境效益。

(二)发电

利用西霞院反调节水库建设水电站,安装4台单机容量为35 MW的竖轴轴流转桨式水轮发电机组,电站总装机容量140 MW,多年平均发电量5.83亿kW·h。电站接入系统方案采用220 kV电压等级,单母线接线,出线两回"Π"形接入小浪底电站1回出线(吉黄线)。

(三)供水

西霞院供水范围包括洛阳市吉利区和灌区范围内的沁阳市、温县和孟县,设计每年由黄河供给工业及生活用水量1.001 9亿 m^3,其中吉利区年引水量0.510 4亿 m^3,三县(市)工业及生活年引水量0.491 5亿 m^3。工业及生活用水从西霞院电站尾水引水,不仅提高了引水的保证程度,而且可以改善水质。

(四)灌溉

西霞院灌区包括青风岭以北灌区和黄河北岸滩区两部分,设计总灌溉面积7.59万 hm^2。从西霞院电站尾水直接向灌区的干渠供水,不仅增加了灌区引水的保证程度,而且还可以发展部分自流灌区,对灌区工农业发展极为有利。

西霞院工程总工期5.5年,其中前期准备工程工期1年,主体工程工期4.5年。2004年1月10日,主体工程开工;2007年6月,第一台机组发电;2008年6月,工程全部完工。

第二节 两站统一调度的技术方案实施

一、运行管理模式

西霞院工程距小浪底水利枢纽仅16 km且交通方便,综合考虑小浪底水利枢纽运行管理成本、人力资源配置、企业长远发展等因素,为最大限度地发挥西霞院工程的反调节功能,优化黄河水资源调度,发挥小浪底水力发电厂在河南电网中的调峰调频作用,小浪底建管局决定不再单独设立西霞院电站,而将西霞院电站4台机组编号为7号、8号、9号、10号并入小浪底水力发电厂统一管理,在小浪底水力发电厂设立西霞院电站筹备部,专门负责西霞院电站的生产准备。

在具体实施上需要考虑小浪底水力发电厂现有资源和管理模式,尽量不对小浪底水力发电厂正常生产造成影响,要方便管理,把西霞院电站运行管理、远程控制调度融入小浪底水力发电厂中来。结合这一总体思路,技术上着手解决了以下五个方面的问题:

(1)西霞院电站属河南省调一级调度管理,按照河南电网调度自动化配置要求,西霞院电站至省调调度自动化部分组织一主一备两条远动通信通道,将调度自动化信息上送至省调,同时接受调度指令。

(2)小浪底水力发电厂运行人员在小浪底中央控制室(简称中控室)值班,将西霞院电站的计算机监控系统管理纳入小浪底水力发电厂中控室,电站发供电设备的操作和控制在小浪底水力发电厂中控室进行。

(3)为方便运行人员对生产区域进行监视管理,将西霞院电站视频监视系统延伸至小浪底水力发电厂中控室设置监视终端。

(4)西霞院电站安全监测自动化系统纳入小浪底进行管理,水工人员平时在小浪底坝顶控制楼上班。

(5)为方便西霞院电站上网电量的结算和管理,将计量信息纳入小浪底电量计费系统中统一管理。

二、两站统一调度的技术方案实施

(一)西霞院至小浪底电厂、河南省调的通信通道组织

按照西霞院电站4台机组并入小浪底水力发电厂统一管理要求,西霞院电站上送河南省调的所有调度、计量信息都先组织到小浪底,与小浪底水力发电厂原有各系统结合统一一个出口。这就需要在满足河南省调对电站通信配置要求的基础上,将西霞院电站至河南省调的原一主一备两条通信通道都先组织到小浪底水力发电厂,实现在小浪底中控室对西霞院电站4台机组的远程操作控制、生产区域的远方视频监视和统一计量管理。

由于"两厂合一、统一调度",大量数据信息要远传到小浪底。通过对比,最终决定利用西霞院220 kV两回出线同杆架设两回24芯OPGW复合光缆,各按两条独立的通信通道组织。原小浪底—吉利220 kV线路"Π"形接入西霞院电站,线路上原有的ADSS豫北光缆继续保留使用,沿西"Π"形接段线路及原有线路建设小浪底—西霞院的1根24芯架空OPGW复合光缆,作为主通道,沿东"Π"形接段线路建设1根24芯架空OPGW复合光缆,在"Π"形接点接至原小浪底—吉利ADSS豫北光缆上,作为备用通道。

(二)小浪底电厂计算机远程控制系统改造

按照将西霞院电站4台机组编号为小浪底水力发电厂7号、8号、9号、10号机组并入小浪底水力发电厂统一管理,电站发供电设备的操作和控制在小浪底水力发电厂中控室进行,机组其他设计不变,保留西霞院电站中控室和现场操作控制功能。

小浪底电厂计算机远程控制系统方案:在小浪底中控室设2台工业以太网交换机,通过光纤与西霞院电站计算机监控系统的工业以太网交换机相连,西霞院远程操作员工作站、语音报警及维护管理工作站和打印机连接在小浪底中控室新增的工业以太网交换机上,西霞院远程操作员工作站、语音报警及维护管理工作站和西霞院中控室操作员工作站采用同一网段的IP地址,其级别仍与西霞院中控室操作员工作站等设备等同。

(三)调度自动化实施解决方案

1. 微机远动装置设置

按照西霞院工程接入系统审查意见,西霞院配置一套远动装置,远动信息由数据口上传至远动装置后,通过2兆光纤和数字专用通道传输至小浪底远动装置,通过数据专网设备再上传至河南省调和洛阳地调。建设单位会同运行单位、设计和供货厂家对西霞院微机远动装置技术方案和小浪底上网升级改造方案进行了确定。首先西霞院远动装置从电站计算机监控系统获取全部远动信息,再经RJ45网络接口、RS232串行口两种方式接入小浪底远动装置,由小浪底远动装置传送至省调度专用数据网,并保留原至省调、地调的

模拟通道。

西霞院主要设备配置：WESDAC D200M Kit（RJ45）主机 2 套，双机切换装置 1 块，GR-90辅助电源 2 台，交换机 1 台，网络通道防雷保护器 2 个，网口转 E1/2M 转换器 1 个，RS232/485 转换器 2 个，组成一面屏。西霞院远动装置网络与计算机监控系统采用 IEC870-5-101 通信规约，与小浪底 RTU（远程终端控制系统）网络采用 IEC870-5-104 通信规约，串行口采用 DNP3.0 通信规约。

考虑小浪底原有主机 D20 型号陈旧，可靠性差，需要更换，并结合西霞院远传接入，小浪底设备配置为：安装 WESDAC D200M Kit（RJ45）双 CPU 主机 2 套，双机切换装置 1 块，GR-90 辅助电源 2 台，交换机 2 台，网络通道防雷保护器 2 个，网口转 E1/2M 转换器 1 个，RS232/485 转换器 2 个，并重新组一面屏（与原主机屏相距 10 m 左右），拆除原 D20 主机。小浪底远动装置网络与省调专用数据网、西霞院远动装置网络采用 IEC870-5-104 通信规约，串行口采用 DNP3.0 通信规约。

2. 电费计量方案

西霞院电量计费点设在西霞院两回 220 kV 并网线路出口侧，计费数据数字专用通道接入小浪底调度数据网。为真正实现“两厂合一，统一计量管理”，建设单位会同运行单位、设计和供货厂家对西霞院电量计费装置远传小浪底技术方案和小浪底计量屏升级改造方案进行了确定：西霞院 4 块电表数据直接送入小浪底计量屏，经小浪底 FAG 电表处理器处理后上送至中调；改造小浪底计量小主站，把西霞院原有当地小主站移到小浪底，小浪底和西霞院两厂表计数据都可以送到当地小主站进行处理；取消西霞院 FFC2000 电表处理器。

3. 发电厂调度管理系统方案

小浪底水力发电厂已设置发电厂调度管理系统，西霞院不再单独配置，只是在原有小浪底调度管理系统软件模块上增加了西霞院电站调度管理系统基本功能，包括数据申报、信息接收与确认、考核结算、即时信息交互、系统监视、基本信息系统和系统远程维护功能。

4. 电力调度专用数据网方案

鉴于西霞院远动系统、电量计费系统等调度自动化实时系统信息都已组织并入小浪底水力发电厂，西霞院不再配置专用的网络接入设备，两厂共用小浪底已有的专用网络接入设备。

（四）视频监视系统方案

通过西霞院—小浪底已建的架空 24 芯光纤通道在小浪底中控室设置一套数字监视终端，采用 DH-600 系统客户端软件实现对西霞院所有 64 套摄像机图像的实时监视、录像查询，功能与西霞院现场的数字监控终端一样。监视终端采用研华工控机，在小浪底中控室具备转化为同轴电缆输出信号的功能。

（五）安全监测自动化系统解决方案

西霞院工程由土石坝段和混凝土坝段两部分组成。土石坝段设置的监测项目有：①外部变形监测；②坝体渗流监测；③绕坝渗流监测；④混凝土坝段和土石坝段接合部渗流监测；⑤混凝土坝段和土石坝段接合部的接缝监测；⑥土工膜应变监测；⑦土工膜后气压监测。混凝土坝段由厂房坝段、排沙洞坝段、泄洪闸坝段和王庄引水闸坝段组成,主要监测项目有:①外部变形监测;②基础沉降监测;③扬压力监测;④接缝开合度监测;⑤应力应变监测等。环境量监测包括气温监测和水位监测。

西霞院工程安全监测数据自动采集系统运行方式为分散控制方式,由传感器、MCU(微控制器)现地测控单元、监控管理主机(上位机,设置在西霞院现场观测室)、数据管理主机(设置在小浪底坝顶控制室)等构成,监控管理主机和数据管理主机之间通过西霞院—小浪底已建的架空24芯光纤通道接至小浪底地面副厂房通信机房,在通信机房至小浪底坝顶控制楼敷设一根直埋光缆接续,形成完整的安全监测自动化系统。数据管理主机可命令各个现地测控单元按设定时间自动进行巡测、存储数据,并向远方上位机报送数据。即使上位机发生故障,各MCU现地测控单元仍能独立工作,并通过便携式巡测仪完成数据采集。监控管理主机系统是一个以信息采集、通信传输、微机网络、数据库、多媒体应用、人工智能和工程安全分析技术为基础,为西霞院水利工程服务的安全监控决策支持系统。

西霞院工程监测项目众多,为对工程庞大数据进行统一管理,实现对大坝安全监测信息的入库、计算、查询、管理图表制作,便于大坝监测数据整编,工作人员历时9个多月完成了西霞院现场安全监测自动化采集系统、西霞院至小浪底坝顶控制楼通信和数据管理分析软件系统开发建设,系统运行稳定正常,极大方便了在小浪底坝顶控制楼工作的技术管理人员及时了解和分析西霞院大坝安全运行数据,同时减少了管理人员数量。

西霞院电站并入小浪底统一管理,是考虑到小浪底水利枢纽集中运行管理、优化企业人力资源配置和着眼企业长远发展的科学决策。利用西霞院工程建设的契机,抓住机遇,使得西霞院电站运行紧紧与小浪底电厂联系起来,既提升了小浪底电厂自动化水平的技术含量,又为小浪底水利枢纽的可持续发展奠定了基础。

第三节　生产准备

在小浪底电厂生产准备和接机发电期间,技术人员多是大学毕业生,缺乏实际运行经验,只参与设备验收、厂家培训和安装调试等工作。经过近8年的运行实践,这支技术人员队伍已日渐成熟,积累了较为丰富的实际运行经验。在总结小浪底电厂筹建经验的基础上,结合小浪底电厂已有的人才优势和技术优势,对西霞院电站“建管结合、无缝接机”的工作进行了进一步深化。电厂各专业技术人员在进行生产准备培训、规程编写等一般生产准备工作的同时,在工程设计、设备监造、施工监理、试验调试等方面全过程参与西霞院工程的建设。在此过程中,电厂的专业技术人员既为西霞院工程建设提供了技术支援,又通过参与工程建设提高了自身的工作水平,实现了西霞院电站的无缝接机。

一、工程设计

在西霞院建设过程中,电厂各专业技术人员全程参与西霞院机电和金属结构设备的设计审查、招标文件编写、厂家考察、设备评标、合同谈判、设计联络会等技术环节。在2005年3月15日至16日,小浪底电厂技术人员和黄委设计院设计人员召开设计回访会,小浪底电厂技术人员根据自己的运行维护经验,对西霞院工程的设计提出121条建议,均被采纳,其中对直流系统提出的优化建议,在改进接线方式的情况下,整流模块由4套减为3套,既保持了系统的工作可靠性,又降低了设备投资。在厂房辅机控制系统设计联络会中,电厂技术人员提出,这些控制系统中非重要信号与计算机监控系统的信息传递,由硬接线改为串行口通信,降低了调试和维护的工作量,同时也大大减少了电缆的数量,在不降低系统可靠性的同时减少了设备投资和施工量。在参与这些工作的过程中,电厂技术人员根据小浪底电厂的运行和设备维护经验,提出适应西霞院电站生产的技术建议,使西霞院工程在设计源头上就能够根据电站的生产得以优化,为西霞院电站投产后安全稳定运行奠定了基础。

二、设备监造

电厂专业技术人员全面参与了主要金属结构和机电设备的驻厂监造工作。电厂专业技术人员与制造监理工程师相结合,共同完成设备监造工作。在工作过程中,电厂技术人员以高度的责任心,把好原材料关,控制外购、外协件质量,加强质量监督,及时发现重大质量缺陷,将安全隐患消除在制造阶段。同时,根据电厂的工作实践,对产品设计提出优化建议。在博世力士乐(常州)有限公司对排沙洞和排沙底孔液压启闭机进行设计制造过程中,电厂专业技术人员建议将厂家设计的油缸下腔与缸旁阀之间的油管由软管改为金属管,极大地提高了设备工作可靠性和设备维护量。在三门峡新华水工机械有限公司进行的2×1 250 kN门机制造工作中,电厂专业技术人员及时发现大车行走机构有4件车轮裂纹、气孔和砂眼数量超出规范要求,要求生产厂家报废处理,消除了设备运行的安全隐患。在通用电气亚洲水电设备有限公司(GEHA)对水轮发电机的设计制造过程中,电厂专业技术人员发现磁轭设计缺陷导致绝缘强度不够、镜板加工精度不满足合同要求、导叶轴母材材质不符合合同要求等重大技术问题,并提出改进意见,将安全隐患消除在制造阶段。通过参与设备监造,电厂技术人员熟悉了电站设备的加工、制作等工艺,加深了对机组等设备特性的了解,为接机发电和设备的运行检修工作打下了坚实的基础。

三、施工监理

电厂专业技术人员全面参与了主要金属结构和机电设备的安装监理工作。在工作过程中,电厂的技术人员以高度的主人翁精神,认真执行监理工作细则,及时发现施工质量问题,参与见证各项设备试验。通过参与安装监理工作,电厂技术人员掌握了设备的安装工艺,熟悉了设备的调试验收,提高了西霞院电站的设备检修水平。

在施工过程中,电厂监理人员发现并组织处理的主要问题如下。

(一)主变压器卸车方案的修改

2007年3月首台机组发电前,2号主变压器即将运输到现场,监理人员对变压器的安装方案进行审查。主变压器原设计的卸车方案为平板车运送至主厂房安装间,再用厂房桥机吊放就位于安装间的主变压器运输轨道,然后拖运到安装位置就位,由于厂房混凝土结构沉降问题造成轨道施工滞后,轨道没有按时形成。监理人员针对这一情况,提出了在尾水平台主变压器安装位置附近就地卸车的建议。根据监理方的建议,承包商及时制订了尾水平台的卸车方案，监理方同时协调业主和设计方对尾水平台的负载能力进行校核，最终形成了完善的卸车方案，妥善解决了主变压器正常安装的问题，避免了工期延误。

(二)主变压器油质不合格问题处理

首台变压器到货后，监理方按照规程要求承包商对绝缘油进行取样送检，结果表明乙炔含量超标。监理方要求承包商及时开展油处理工作，并通过业主协调设备厂家派员到现场指导。根据三方协商的方案，在现场采用了真空过滤配合以辅助加热的方式，通过一段时间的处理，油质最终达标。

(三)水轮机转轮室加工缺陷处理

西霞院工程机组的水轮机转轮室为不锈钢材质，结构上分为上下两圈，上下两圈的组合面应该紧密结合无间隙，这样将来过流时不易产生空蚀破坏。7 号机组转轮室在厂家制造时，在上下环的组合面处各自多加工了一道倒角，两环组合后形成了一条环形槽，属于设备制造缺陷。监理人员及时发现了问题，并及时协调厂家技术人员到现场处理。在现场处理过程中，通过协商，为了不破坏原设计结构，厂家采用了补焊打磨的处理方法，监理人员对焊接变形、表面光洁度等质量控制要点进行了全过程监督，处理取得了较好的效果。

(四)机组主轴密封水的回路改造

机组原设计的技术供水为自循环供水系统，即冷却水从密闭的循环水池泵出后送至机组各轴承冷却器，之后再回到循环水池，但主轴密封水则是单独从消防供水管中取水，一旦消防水用量较大，有可能造成主轴密封水供应不足，导致机组不能正常运行。针对这一情况，监理人员提出了现场改造方案，从技术供水循环水泵出口引一路水源作为主轴密封原有水源的备用水源，在异常情况下可以切换，保证机组正常运行。

(五)水泵安装的质量改进措施

对于水泵的安装，施工人员一般都是直接将设备安装在混凝土基础面上，不利于后期的设备安装调整，也不利于今后的设备检修。为此，监理人员要求承包商在水泵的二期混凝土施工时预埋一块水平度较好的钢板作为设备基础，这样大大方便了设备安装的轴线调整，也方便了今后设备检修时的回装调整工作。

四、试验调试

电厂专业技术人员全面参与了主要金属结构和机电设备的工厂试验、出厂验收、安装调试和交接验收工作。通过参加工厂试验及出厂验收，将设备隐患消除在厂内，避免了工地二次处理，节约了施工时间。电厂技术人员全面参与机组、闸门、计算机监控系统、调速器、励磁系统、保护系统、GIS(地理信息系统)等设备的调试工作，尤其在各台机组的启动试验中，电厂技术人员主动承担起技术负责的任务，与施工单位一起，解决试验过程中出现的各种问题，使得机组顺利完成启动试运，为机组顺利通过启动验收并按期并网发电作出了突出贡献。通过全面参与试验和调试工作，相关设备的专责人员及维护人员掌握了所负责设备的工作特性、试验流程与试验操作过程、试验仪器的调试及操作技能，具备了独立的设备调试能力。

五、人员培训

为满足西霞院电站生产需要，小浪底建管局为电站调配了专业人员及新分配的大学生。根据达标电厂的要求，西霞院电站人员结构必须少而精，因此一岗多责、一专多能成为电站工作人员能够履行其职责的基本要求。为使来源不同、基础不同的电站人员在接机时达到这个要求，在培训安排上，以到小浪底电厂实习为主要培训手段，并结合设备监造、安装监理、规程编写、调试等工作，适时进行监理、监造等专项培训。同时根据西霞院机组的结构特点，到三门峡水电厂进行了轴流转桨机组的专项学习，对所有人员分层次、分阶段地进行了全面的强化培训。通过多种科学合理的培训方式及有效的管理手段，每个工作人员均实现了其岗位培训目标。

六、规程编制

在国家标准和行业标准的基础上，充分吸取小浪底工程的先进经验，紧密结合水工建筑物和机电设备的工作特性，西霞院电站规程规范的编制按照规范化、简明化、标准化的原则进行。在水工建筑物、机电设备建成移交前，电厂成立专门编写小组，抽调各相关专业人员，按编写进度计划，分工负责，分期实施，总体控制，共计编写完成发电设备运行规程22篇，编写完成水工建筑物及金属结构设备运行维护规程11篇。所有规程在设备移交电厂前全部完成，满足了设备无缝交接的要求，为设备的安全稳定运行提供了技术保证。

经过小浪底电厂人员的充分准备和全面参与，西霞院工程各项工作按计划顺利实施。2007年6月17日，西霞院电站首台机组(10号机组)通过72小时试运行，后3台机组分别于2007年9月22日、2007年12月3日、2008年1月28日相继顺利通过72小时试运行，并顺利移交电厂运行管理。

第十五章　枢纽综合效益

小浪底工程对维持黄河健康生命,保障黄河下游防洪及供水安全,保护中下游生态环境,促进黄河下游两岸经济社会可持续发展具有不可替代的战略作用,是重要的民生工程,做好枢纽运行管理工作意义重大。

小浪底建管局始终将安全工作作为全局工作的重中之重,在健全安全管理机构的前提下,以完善安全管理制度为保障,以安全文化建设为抓手,以安全教育培训为基础,以监督检查和责任追究为手段,不断强化安全管理。截至2011年6月底,枢纽已连续安全运行超过1 900天。

在枢纽调度运用和运行管理中,小浪底建管局牢固树立民生工程理念,坚持水资源统一调度、公益性效益优先、电调服从水调的原则,使枢纽发挥了巨大的综合效益。

一、防洪作用突出

防洪是小浪底工程的主要开发目标之一。小浪底水库具有40.5亿m^3长期有效的防洪库容,在出现千年一遇洪水42 300 m^3/s的情况下,小浪底和三门峡、故县、陆浑水库联合调度,可使黄河下游的防洪标准相对花园口断面从60年一遇提高到1 000年一遇。

小浪底工程投运以来,有效缓解了黄河下游洪水威胁,黄河下游已连续11年实现安全度汛。

2003年8月下旬至10月中旬,黄河中下游发生历史罕见的秋汛,中下游干支流相继发生了10余次较大的洪水过程。小浪底工程投入拦洪运用,水库最高水位达265.69 m,拦蓄洪水63亿m^3。小浪底建管局一方面严密监视枢纽运行工况,另一方面严格按照调度指令控制下泄水量,将花园口断面洪峰流量从可能出现的6 000 m^3/s削减至2 800 m^3/s,显著缓解了下游的抗洪压力,避免黄河下游17.47万hm^2滩区耕地被淹和130万名滩区群众被洪水围困,直接减灾经济效益约为102亿元。

2005年9月下旬至10月上旬,黄河中下游渭河和三门峡—花园口区间大部分地区再次出现了长时间、大面积的华西秋雨。渭河华县站出现了自1981年以来的最大洪水,伊河、洛河水位也相继上涨。小浪底水库再次与故县、陆浑水库联合进行拦洪错峰运用,在三门峡水库敞泄运用的条件下,小浪底水库拦蓄洪水25.75亿m^3,将花园口可能出现的6次6 000 m^3/s以上洪峰削减到3 000 m^3/s,保证了黄河下游的防洪安全,取得了抗击秋汛洪水的胜利。

二、凌汛威胁基本解除

小浪底工程建成后,增加水库防凌库容约20亿m^3,控制黄河下游凌汛期水动力能力得到增强,水库出库水温有所提高,下游零温断面下移。

凌汛期,下游封河前,水库增大并调匀下泄流量,达到推延封河日期和抬高冰盖封河的目的。在封河期间,严格控制下泄流量,使下游河道始终保持均匀、适当的流量,各河段实现平封,平稳度过汛期。在解冻开河时,根据凌情、水情控制下泄流量,实现热力因素为主的"文开河",避免形成凌汛。黄河下游凌汛灾害基本解除。

2001 年凌汛期,黄河下游出现 20 世纪 50 年代以来第四个低温年份,防凌形势严峻,在即将封河的关键时期,小浪底水库持续 500 m^3/s 向下游补水,使下游未出现封冻现象,开创了严寒之年黄河下游不封河的先例,有效地解除了黄河下游凌汛灾害。

三、减淤效果明显

黄河治理开发面临的很多重大问题根源在泥沙,"治黄百难,唯沙为首"。小浪底工程自建成起,对黄河下游河道减淤发挥了巨大作用。

黄河水少、沙多,水沙不平衡。进入 20 世纪 90 年代以来,黄河连续出现枯水年。1996 年 8 月之后,黄河下游没有发生一场超过 4 000 m^3/s 的自然洪水。2001 年,花园口以下主河槽最小过流能力已由 1982 年时的 6 000 m^3/s 下降到 1 800 m^3/s,下游河道主槽不断萎缩。2001 年,小浪底水库竣工并投入运用,为调水调沙从理论走向实践奠定了工程基础。

2002 年至 2011 年 7 月底,黄河已进行 13 次调水调沙。其中 2002 ~ 2004 年,根据不同来源区水沙条件、水库蓄水情况和工程调度原则,进行了三种不同模式的试验(2002 年 7 月 4 日 9 时至 7 月 15 日 9 时,进行了基于小浪底水库单库调节的原型试验;2003 年 9 月 6 日 9 时至 9 月 18 日 18 时,进行了基于空间尺度对接的原型试验;2004 年 6 月 19 日 10 时至 7 月 13 日 8 时,进行了基于干流水库群水沙联合调度的原型试验)。2010 年进行了 3 次调水调沙(第 10 次调水调沙和汛期 2 次调水调沙),共用水量 82 亿 m^3,为历年调水调沙次数最多、用水量最多的一年;在第 10 次调水调沙中,排沙比达 149%,为历次调水调沙最优值。小浪底工程调水调沙运用情况统计见表 15-1。

截至 2011 年调水调沙结束,水库排出淤积泥沙约 4.24 亿 t,冲刷下游河道泥沙超过 4 亿 t,黄河下游主河槽得到全线冲刷,最小过洪能力从 2002 年的不足 1 800 m^3/s 增大到 4 100 m^3/s。下游河道由建库前的淤积抬高转变为冲刷下切,有效减少了下游河道淤积,悬河形势得到缓解,洪水威胁减轻,在黄河下游滩区群众生产生活、社会稳定等方面发挥了重大作用。

通过调水调沙,小浪底水库淤积形态也得以调整,异重流排沙比不断提高,宝贵的水库拦沙库容淤积减缓,使用寿命得以延长。小浪底水库库容 126.5 亿 m^3,淤沙库容 75.5 亿 m^3,可拦沙约 100 亿 t。根据淤积断面测量成果计算,从 1999 年 10 月蓄水运用至 2008 年 10 月,小浪底水库共淤积泥沙 24.04 亿 m^3,表明水库累积淤积量稍大于拦沙运用初期(小浪底水利枢纽运用分为三个时期,即拦沙运用初期、拦沙运用后期和正常运用期,拦沙运用初期是指水库泥沙淤积量达到 21 亿 ~ 22 亿 m^3 之前的阶段)的界定值,水库拦沙初期运用年限设计为 3 年,而实际运用达到 9 年。

表 15-1　小浪底工程调水调沙运用情况统计表

调水调沙次数	年度	开始时间（年-月-日 时:分）	结束时间（年-月-日 时:分）	入库水量（亿 m^3）	出库水量（亿 m^3）	水库补水量（亿 m^3）	入库沙量（万 t）	出库沙量（万 t）	水库淤积量（万 t）	水库排沙比（%）
1	2002	2002-07-04 09:30	2002-07-15 09:18	9.41	26.45	17.04	18 826.87	3 706.98	15 119.89	20
2	2003	2003-09-06 09:48	2003-09-18 18:00	24.27	18.42	—	5 834.29	8 512.04	-2 677.75	146
3	2004	2004-06-19 10:24	2004-07-13 08:18	11.17	44.69	33.52	3 872.48	610.35	3 262.13	16
4	2005	2005-06-10 09:00	2005-06-30 12:00	9.21	50.35	41.14	4 428.37	218.96	4 209.41	5
5	2006	2006-06-10 12:00	2006-06-28 08:42	11.65	53.95	42.30	2 180.20	871.66	1 308.54	40
6	2007	2007-06-19 11:00	2007-07-02 10:00	13.44	39.81	26.37	6 311.16	2 321.19	3 989.97	37
7	2007	2007-07-29 03:30	2007-08-06 18:30	10.99	18.31	7.32	7 939.95	4 333.33	3 606.62	55
8	2008	2008-06-19 09:30	2008-07-03 06:30	12.94	41.35	28.41	5 766.91	4 763.47	1 003.44	83
9	2009	2009-06-18 12:30	2009-07-03 18:30	8.06	43.95	35.89	4 667.14	368.74	4 298.40	8
10	2010	2010-06-19 09:00	2010-07-08 00:00	11.51	51.15	39.64	3 624.49	5 414.49	-1 790.00	149
11	2010	2010-07-25 22:00	2010-08-03 08:00	11.51	12.40	0.89	7 680.13	2 670.97	5 009.16	35
12	2010	2010-08-11 12:00	2010-08-21 09:00	13.97	18.33	4.36	9 182.10	4 895.16	4 286.94	53
13	2011	2011-06-19 09:00	2011-07-07 08:30	9.79	48.73	38.94	2 977.67	3 735.50	-757.83	125

四、供水保障有力

黄河是下游河南、山东最重要的水源。现下游引黄能力已达 3 900 m^3/s，控制灌溉面积 233.3 万 hm^2，随着国民经济的发展，城市及工业用水量也大大增加。此外，黄河还担负着引黄济青、引黄济淀等向华北供水的任务。下游来水主要靠上中游的产流和调节。

由于缺乏足够的调节能力,有限的水资源得不到充分利用,灌溉供水保证率很低,每到5月、6月频频发生断流。据统计,1980~1990年累计断流191天。进入20世纪90年代以来,由于黄河连续的枯水年,断流现象愈演愈烈。1992年黄河利津站断流83天;1997年黄河下游断流26次,累计226天,断流河段长达702 km。

小浪底水库投入运用以后,平均每年可增加下游17.9亿 m^3 的调节水量。小浪底水库于1999年汛后开始蓄水,2000年至2010年年底,小浪底水库共下泄水量2 333亿 m^3,通过水库调节补水732亿 m^3。小浪底工程年度下泄水量见表15-2。小浪底水利枢纽多次为引黄济津、引黄济青、引黄济淀提供了水源,提高了下游引黄灌区的灌溉保证率,缓解了下游生产和生活用水紧张局面,为实现黄河下游连续12年不断流发挥了重要作用。

表15-2　小浪底工程年度下泄水量表

年度	1999	2000	2001	2002	2003	2004	2005	2006	2007	2008	2009	2010
下泄水量(亿 m^3)	9.07	152.24	154.91	189.79	208.59	206.63	221.74	256.54	247.80	225.28	215.55	245.24
水库补水(亿 m^3)	0.27	26.59	54.83	63.83	57.47	82.22	78.76	88.90	71.79	72.26	64.36	70.68

2000年至2002年,小浪底建管局服从大局,连续3年将小浪底水库水位降低到最低发电水位以下,停止发电,实施供水,保证了下游用水需求和生态流量。

2008年10月至2009年2月,黄河中下游地区发生特大干旱,小浪底水库先后13次调整下泄流量,共下泄水量31.63亿 m^3,补水9.87亿 m^3,有力支援了河南、山东两省的抗旱救灾工作,有效缓解了旱情。

五、生态效益巨大

小浪底工程建成投运,保障了黄河下游及入海口的生态需求流量,黄河连续12年不断流。同时小浪底建管局狠抓枢纽管理区的水土保持和环境保护工程建设,改善了库区生态环境,为维持黄河健康生命作出了重要贡献。

小浪底工程的建成投运,为确保黄河下游不断流、维护黄河健康生命奠定了基础。通过合理调度,大大改善了黄河下游生态环境。

通过水库径流调节,向河口三角洲湿地人工和漫溢补水,增加了湿地水面面积,为三角洲湿地指示性植被芦苇在发芽和生长旺盛期提供了用水,促进了芦苇植被的生长,为许多水禽提供了理想栖息地,保护区植被的顺向演替和鸟类栖息地功能逐步恢复和改善。

通过水库径流调节,增加了河口地区地下水的补给量,提高了地下水位。在距河岸4 km的范围内,生态补水后,地下水位提高幅度在0.02~0.65 m。地下水的补给有利于防止海水入侵,减轻盐渍化。

通过水库径流调节,增加了滨海的淡水补充,有利于维持近海水域合理的盐度,并输送了大量的营养盐,对河口近海地区水生生态环境的改善起到了积极的促进作用。

通过水库径流调节,在河口地区鱼类洄游和产卵关键期的3~6月间塑造适宜的径流过程,为河口地区鱼类的洄游和产卵提供了极为有利的条件。

通过水库径流调节,大量泥沙进入河口地区和近海口洪水漫溢,加快了三角洲造陆过程,有效促进了三角洲湿地植被的顺向演替。

通过水库径流调节,减少了汛期的入海通量,降低了赤潮的发生概率,改善了河口近海水域浮游植物生长条件及鱼类的生存环境,对黄河河口的近海环境生态系统修复起到了一定的积极作用,有利于渤海渔业生产力的恢复。

根据中国海洋公告,黄河河口生态系统2006年前为不健康,到2006年已恢复至亚健康,并处于逐年恢复状态。淡水补给量的增加,促进了河口三角洲湿地生态系统的良性循环,生态环境明显改善,生态功能显著增强。目前已有4 238 hm^2湿地恢复了原貌,三角洲的植被逐年增多,芦苇面积增加到5.2万hm^2,生态多样性得到恢复。2000年共有鸟类283种,其中国家一级重点保护鸟类9种、二级41种,数量约400万只;2009年,保护区鸟类达到296种,其中国家一级重点保护鸟类10种、二级49种,数量已达600万只。

经过4次向白洋淀补水,目前白洋淀核心区水质已达Ⅲ类标准,基本接近40年前的水平;白洋淀蓄水量达到1.331亿m^3,水位由补水前的6.70 m上升到7.38 m,水面面积为134 km^2。白洋淀水质和生态环境都得到明显改善,野生鸟类不断增加,种群不断扩大,湿地生态功能进一步得到恢复。

多年来,在做好枢纽运行管理工作的同时,小浪底建管局高度重视枢纽管理区的水土保持和环境保护工作。对小浪底水利枢纽工程生态保护系统进行了全面系统规划,以"运行管理优先、生态优先、分期开发、突出特色、动态发展"为原则,通过配套设施建设,在小浪底水利枢纽和西霞院工程之间16 km长的河段上,逐步形成以水利工程设施和滨水生态环境为特色,以黄河文明历史为背景,具有枢纽运行管理、水环境改善、生态环境改善、水利观光、专业考察、科普教育和爱国主义教育等综合功能,生态保护和文化体验相结合的"一轴、二带、三区"(一轴——空间发展轴,指沿小浪底、西霞院两工程之间16 km长的河段形成的生态环境发展主轴。二带——滨水生态景观带,指河段两侧分布的滨水生态环境带。三区——主体各异的功能区,分别是以小浪底大坝为主体的工程文化观光区,以马粪滩为主体的生态保护区,以西霞院大坝为主体的生态体验区。通过配套建设,三个功能区分别以工程文化、生态保护、生态体验为主体,形成功能互补、特色各异、相互融合的空间发展格局)现代化生态保护系统。近年来,小浪底水库入库水质基本为Ⅴ类,经过小浪底水库较强的净化作用,下泄水质提高到了Ⅲ类,有效改善了水库水质,水环境和水生态得到改善,20世纪80年代消失的黄河铜鱼又重新成群显现。小浪底工程先后被命名为"国家环境保护百佳工程"、"开发建设项目水土保持示范工程"、水利部和河南省爱国主义教育基地、全国节水教育基地。因绿化建设工作突出,小浪底建管局被授予"全国绿化模范单位"荣誉称号。

六、水电优势显著

小浪底水力发电厂共装设6台300 MW混流式水轮发电机组,总装机容量1 800

MW,多年平均设计发电量 51 亿 kW · h,是河南电网最大的水电厂。小浪底建管局牢固树立民生工程理念,坚持水资源统一调度、公益性效益优先、电调服从水调的原则,严格服从调度指令,精心维护运行枢纽。投运以来,年发电量、年利用小时数、运行时间和可靠性不断提高。截至 2011 年 7 月底,小浪底电厂已累计发电 505.34 亿 kW · h,相当于节约标准煤约 1 677.5 万 t,减少二氧化碳排放约 4 612.8 万 t、烟尘排放约 11.21 万 t,在为国民经济发展提供大量能源,有效缓解河南电网用电紧张局面的同时,为环境保护作出了巨大贡献。小浪底电厂上网电量见表 15-3。

表 15-3　小浪底电厂上网电量表　　(单位:亿 kW · h)

年度	2000	2001	2002	2003	2004	2005	2006	2007	2008	2009	2010
上网电量	6.13	21.09	32.72	34.82	50.01	50.26	58.06	60.58	59.07	54.36	56.24

注:2007 年起,上网电量含西霞院电站上网电量。

河南电网是华中电网的重要组成部分,装机容量和用电负荷均居华中电网之首,处于国家电网公司系统第四位,省网统调发电装机以火电为主,水电为辅。截至 2011 年 7 月,河南电网统调装机容量 4 777 万 kW,其中火电装机 4 432.2 万 kW,水电装机 235 万 kW,抽水蓄能机组装机 102 万 kW,风电装机 7.8 万 kW,火电机组比重达到 92.78%。作为河南电网唯一的大型水电厂,小浪底电厂的装机容量占河南省网当前可调水电装机容量的 71.8%,是河南电网中最理想的调峰、调频和事故备用电源。

目前,河南电网最高用电负荷已达到 4 100 万 kW,电网负荷峰谷明显,部分时段负荷变化幅度较大、速度较快,峰谷差达到 600 万～800 万 kW,负荷上涨速率最快达到 100 万 kW/15 min,负荷下降速率最快可达 80 万 kW/15 min。作为河南电网最大的水电厂,小浪底电厂在额定工况下最大调峰容量达到 180 万 kW,并以其优异的调节性能在河南电网调峰中具有举足轻重的地位,大大缓解了河南电网的调峰压力。小浪底电厂的建成投产,结束了河南电网投油调峰的历史。

河南电网最大单机容量机组为 100 万 kW,若发生机组跳闸,则将造成省际联络线大幅波动,必须留足 65 万～75 万 kW 的快速事故备用。小浪底电厂的发电机组具备启动快、带负荷快的特点,机组从停机到发电并网工况大约需要 4 min,并网之后仅需 10 s 即可带 30 万 kW 负荷满出力运行,是河南电网优秀的事故备用机组。其他电厂的机组事故停机时,小浪底电厂的机组紧急启动,保证了电网系统的安全运行。

2006 年 7 月 1 日,河南电网因继电保护误动作和安全稳定控制装置拒动等原因引起多条 500 kV 和 220 kV 线路相继跳闸、多台机组退出运行,电网发生了较大范围、较大幅度的功率振荡事故。小浪底水力发电厂发电机组在事故发生时快速停机,电网恢复时快速开机带负荷,为事故处理作出了突出贡献,并受到了河南省电力公司的特别表彰。